#1

			4	3				
	8	5	1			7	4	9
	7				5			
		8		6		9	5	1
5		1	2		9			
						2		
1				7				3
		4			1		6	7

#2

5					4	7	2	1
				7		6	9	
				2	6	3		5
2	9		7					6
3				4		2	7	
	5							
6	3			5			8	
				1	8		6	
		8				4		

#3

1				9			4	
	2	5					9	6
		7	6	8				3
	1	2	8	5	9			7
	5		7	6	1			
								1
	6					5		
7		8				9		
							1	

#4

6				1			5	
4		7	9					
	2	5						4
		2				5		
1	5		3				2	6
	7					8		
			5			9		
				2			4	8
	4	9	1					

#5

4		3					7	5
8						6		
					5	1	8	
					7			2
	8				9	7		6
	2			1	4	3		9
		2					9	
	9	4			8			
			4			2		7

#6

8			3		6			
			8		2	4		9
	2	6			1			7
9	1							
		2					1	
6								4
1	6	7			8	9	5	
		9			3		4	
		3						1

#7

	3	1	5	9		2		
			3	6		4	1	
		4	7		2			
							8	
							9	2
4	1			7			5	
8			2		3		7	
1								5
		5				6		

#8

		9						
5	7		2		3			8
			8				2	5
	4						3	2
	2						9	1
9		5				7		
	9						4	
6		8						7
4		2		6		1		

#9

		4		1	2			
8	3		7			5		9
	7				8			
	9	5		7				
	2							1
3						7	5	
7				2		6		3
			9			8		
1		6				2		

#10

3			7			6		
			8					2
					5	4		
					4	9		3
			6	5		1		
		9			7		4	8
5	6					3	2	9
9	3							
							1	

#11

		2						
6				4		7		5
		5		3				
		8	3					9
5		9		6			3	4
			9	7				6
				6		4		
		6			9			
	1		8		5			3

#12

	3	5			8			
4			6		3			5
8			2					
				6		9		
		8			9		1	
5		1		2	7		3	
		4						
1				9		7		6
9	6		5					

3

#13

5	2		7				4	8
			4	2				
	6		8		3			
	9	7			1			3
			7			6	4	
			9		2			
								2
3				7				9
	8	5	2			3		

#14

	7		6	9	4		1	
6							3	
				3				
		5	3		1	7		
		1			8	9		2
	1				2	3		
8	9					6		
2		3		1			9	8

#15

	5	1		8	3		2	
		2	9			8	1	
5	2			4		1		6
			5	7				2
4				6		8		
	1			3		5		8
	8							7
		4	8	5	7		6	

#16

			6					4
					2	9	8	6
			7			1	2	
		6		2				3
2	8	4					7	
	7	3		1				
					5	4	2	
5	2							
	4				8		9	

#17

			1			4	9	
	3		4	2				8
	4			9		6		
	2		5	1		3		
5				7				
9			2		3		1	
7	8							
						5		
4		6		3				

#18

	2	5		3	9	6		8
9	6		2		7	4		
3		4				9	1	
6		3		2	8	7	4	
4				9		1	2	
5	1	2	6	7		3	8	9
	5				2			
	3			8			9	4
8			9	5		2		

#19

		2			4			
		4						8
3				2		1		
		1					9	
9	4	3			7			
				7		6		
	8	9		3				
			2		1			6
	6			4	5	3		

#20

						6		
		6					8	5
	9			5		7	4	2
7		1		9	4			
6					7	8		
	8			3		1		7
	7					2		6
4							7	
	6	8			5			

#21

								3
			9	5	7			6
	8		1			5	2	
			3		5			
7		1				6		
6			2					1
	1	9						4
			2		9		1	5
5		7	8					

#22

			1				8	
4							9	6
		1	6			7		
	5	8			7		2	
		2			3			
9			4		2			
		4					7	9
6		3						
1		5		2	6	8	4	

#23

1				7	8			
			6	3		8		
		6				3		
		8	2		5			
2	6				7		4	5
					6			8
8	3	5		6	4			2
4		2						
6					9			

#24

	8	3	4				5	
5			6	9	8	4		
4	7					9		8
			4	9		8		
			6			7		2
			2					
2						5	7	9
3			9	7			4	
	1							

#25

1						2		
5	2		7	8				
			5					
		6		7		1		
				1	6			
	9		3		8			
			4			9		
4	5						1	8
7	1	9						

#26

8		1	4			3	9	2
5								7
		9					6	
	8		9					3
				1				
		5	2	3		6		8
	9	7			5	2		
			3			5	8	
			1					

#27

	7			5	4		8	1
					9			4
			3			7		
8		2						
3		9	6		2			
		7	8			2	1	
			7			1	5	
9	5				1	7		
			3					

#28

6					5			
			6			3		
4			3			2		7
3		8		4		9		2
			2					
2	7	6			9	1	3	
	4		9	6		5		
				1			7	
7			8					1

#29

6	7	9			4			
	4		5		7			
	8		9			3		
1	6				9			
	3		8	6				7
		3						
7	9							8
4	5		2	3	6	7		9

#30

				4		3		5
	9	3		8				6
	4		5				8	9
		5	3		9	4		1
			8	7		5		3
		7	1					
6				1	5	8		
	5	8		3			9	2
					8	6		

#31

6	8		7					
9		4			6			
				8				
4	3		5	8	9			
			1	4	6			
1		9	3					2
5		7				9		
	9	3	7	2		4		
								3

#32

	6					5	2	7
		4		8				
6			7	4			9	
1		7		3	2	8		
2			5	6			4	
3						1		2
5	9	3						
		1	8	2				

#33

6			7					9
				3		6		
2	5	7		8				
	6							
			1				5	
	9						8	6
	7	6						3
	3				1			
	4	1	2		3	8	9	

#34

		8			1			2
4		2			7			
				8	5			
		1						9
	3	6		1		4		
2			9		3			
						8	5	4
						9	6	
1				4			2	3

#35

6					5			
3					4	7	9	
7							1	
5			9					
	7	6	4			8		9
					2			
	9			4		1	6	
	6	3					7	
	1	7		2	9		5	3

#36

1			2	9				
		8	1		7		4	
3		7	8					5
6				7			9	
	4		3		9		6	1
			4					
		1	7	4	3			
				2		3		7
					1			

#37

1			2		5			3
		4	3		9		2	1
	2					8	6	9
9	5	7	6	4	3			2
2					1			
		1		2	8	3		
5		3	8	7		2		
				5			3	6
7								

#38

	2		4	3	9			
			6					
		7		1	8		3	
	6							
5	9		7		1		8	
	3		8	5			9	
		5	9		6			1
		9		8	7	5	4	
	7					9		

#39

				7	8	5		
	9	7			5			
	6		4	9				
	5				4	7	1	6
				5				
7	3	2						4
6	4					3		5
			1		7			
			5					8

#40

	3		1		6			
				4				7
		2			7	3		
3								2
1		8		9		6		
	2	4	6	5	1			
		3	7				4	9
	4	9			5			
2		5		6		7		

#41

6				4	2		5	
	3			8				
		1						
		5	1				4	
		3		6				
		7		2		9	1	
		2		7	9			
8						3		
	7		8		4			9

#42

	9						2	
4	1	3			8	5		
		2		4	3		8	6
			5				3	7
7		9		8	2	6	5	1
	2					4	9	8
2		1		7			6	
3					1		4	2
	6							3

#43

		9		4			5	8
			2	1		3	4	
				9	3	6	1	7
	6			8				2
		1				8		
4	8				9		2	
	1						7	
9			6	2	4			

#44

		6		4			1	9
2		4	5	9	6			
			3	1		4		6
		2	8					
6						5	8	
	4	1			9			
		9	1					
	6							2
	7						3	

#45

3		5				9		
						4		
6	8	9		5		1		
	7		9	1				3
	9							
			4	3	7			
			8		5	2		
7	6							
			4	9		6		

#46

8	6				7	1	4	
			3					
4		9						3
	1		9	2			3	6
				5			1	2
				6		4	8	9
	4				5			7
5	2							
	8	6						

#47

	4	9	8				2	
6	5		2					3
	9		7	4	2		1	
7			9	6				
4	2				1		9	
			6				5	2
		8		7			6	
9					3			

#48

3				2			6	4
								7
	7	5				2		
	3		9			5		
9				5	6			3
8			6				4	9
				8		9		
1							2	
		4	2	6			3	8

#49

					3		4	
8								2
	9		6					3
	8			4	7	9	6	
6		4				3		
	7				6		1	
	3							
	6	2			1			7
		5		7				

#50

5						6		
	8		1	2				3
		2			3			
2							1	8
8			9					6
		3		6	8	9	7	5
				3				
	4	5					1	
			6	5		7		2

#51

					5			6
7		2	6			4		
4	1			3	7			
		7		6		9		3
	8	3						
	9				5	2	4	
3				4				
			8		3	4		9
					7			

#52

6	1	5			9			
					1			
				3		8	1	4
2							6	5
						2		8
			6	1		3	4	
9	3							
	2							6
				7			9	3

#53

			4	6		7	8	1
			2	3		5		9
	9		5	7				
1			3	4		9	5	
		2	8		6	3	1	
4	3						2	6
	2		9					8
3			6					
		9		8				

#54

						1		
	4		9	8				
1	6				4	7		5
	1				9		3	
2		8					5	9
6								
	8	1				6		3
9	5		3				7	
		7	1			5	9	

#55

7		8			5		3	
9			4				1	
	6			8	3	5	7	2
	5	1		4			8	7
	9	7	1	6			4	
	8	2	3	5	7	1	6	
2		3	8			7		
5			7		4		2	
8	7	6		2		4		

#56

7	1	9		4				3
2	8		3	9				1
4	5			1				7
5	7	6						
			7	5				
			9	2		7		
3		4		7				5
		1						4
7			5	2	8	6		

#57

7	6		5				4	
	9		4					3
5			6	3	1		2	
	1	6						5
3		9			5			
		7			9			8
		8					6	4
		2	1			9		

#58

4	1	2	5				7	8
	7							4
	2	5	3		4			
	8		6		1			
	9	7					4	1
					3	6	1	7
7		9		4			5	
		1			8			

#59

	9			6				4
				4	3		2	
2	8		7				1	
	2		9	1			6	
	3		6		8	9		
3			4		6		9	
5			3			4	8	
1								

#60

		2	5					6
6		1	9					
	5			7			9	
		9		5	3			4
	3		7				8	
		7			9		2	3
	1	6		8				9
3		5	1					
7						6		

#61

		4	7	3			6	
7		2	9	5			4	
					6			
8		7						4
	3							2
		9	5			3		
								9
						2	5	7
1	9			8				

#62

					9	3		4
6	3	1		2		9		8
4			6			2	1	5
1	6		5					2
	9				6			
5	4	8		3	2	6		
		2	3	5			4	6
	1						3	9
			9	4		1		7

#63

2			8					5
7						3	9	1
				5				7
3					4			
		9	6				3	
	4							
4	5		9	6	7			
	2		5			8		4
			4					6

#64

					4		6	
						8		7
3	4							
			5				9	4
2						6		8
4	6	1			8			
				5		3		
9			2				8	
	1	8	3			7		5

#65

			8					
		7			6	1		
			5	9	7	2		6
			7			3		
				9		6	2	
	8		5			7		
7	6					8		4
8						3		
	5		1	4				

#66

1						2		9
5	9	7	6		2			1
		3						
			7		8	1		2
			9			6		
3		1	2				9	5
			8	9			6	
	5		3					7
						8		

#67

		1		9				
					6		8	
7	3			6				
	2				3	9	7	
3		7				5		
			2			8	1	
5			1					
		3	6				8	5
9		2	3		5			4

#68

			5		6	1		
				2			3	
			1				8	
2				3				
			7					
3	8		4	1			9	
	6			7				
9			8	6	5		1	7
4								3

#69

			1	7	4	5	2	6
1	2	4	6		5			9
			2	8	9			3
	1	5	3	9	7		6	4
8	3	9	4		6	1	7	5
		7	5		8	9		2
	6		7		1	2	9	8
	8	1	9	6	2	3		7
	7	2	8		3	6		1

#70

		3	6			9		
8	2		1			4		
		7						8
	6		5		7	3	4	
						1		
		9	8	2			1	
					3			
					6		3	
7							5	6

#71

					6			9
		3		6	1	4		
		9	7	8				1
4				3		5		
	5			1				2
8				5				
		2		7			8	6
		8		3	2			

#72

4				8	5			
	1		6	9		3		
		2			3			
						4		1
				3		2		
5			2				9	7
2			5					
		8	5		7		6	
			9				4	

#73

		3						
	6			3		4		
				5	4	6	2	
			8		5			7
8			9		5	1	3	6
	1	7						
3	4						5	1
1		8				7		
		5						

#74

	3						9	
	8	5			7			
	1						8	6
		9	5	1		4	6	
		8					5	
				8	6	3	9	
					1		4	
2							6	9
6	9	3						

#75

2			5	1				4
			9			7		
	9	6		3				
		1						
8						5		
			2	7				3
		3			1			2
			4	9		8		
9			6		3		1	7

#76

	5							4
	9		7					
	6	4				7	3	
			9					6
8			3	6		1		
		6				4		
4		1			7		2	
	8					9		3
					2	8		

#77

		5				9	2	
		4					5	
2		1	4	3				
1		7	9					
	4		7					5
	3		6	4		1		
			7					
8			1		5	6		
4		9						

#78

	2	1	4	6				
	6		7	8			2	
	9		2					
		8	1					3
			9		3	7		
							6	1
4						1	8	7
						6		
2		5			7			

#79

		1			6	8	7	9
4								6
				2				
	1		7					2
5			6					
2			4	3	5			
8		7			9	3		
		4		7				8
	5							

#80

			4					5
7	8			9	1			
			1			9		
			6					
					4	9	3	
1				7		6	4	2
6	1	2						
	9			4		7		
4		8				6		

#81

	3	8	4				2	
2				1		8		
	6			8	9	3		4
	2					7	3	
		5			3	9		
			9					
			3					1
1		7		4		5		
6					8		7	2

#82

2			1				6	9
					9	2	1	7
4	9					8		
			8		5			
		5	4	9	2		3	
8						1	9	5
	1				5			
	7							4
9	2	4						

#83

		6		9	7	2		
		3			8			7
		5			9			
	7			1				
	2		7		6			
			3	5				
		2		1		7	8	4
8	9				5			1
				8	4		5	

#84

			4					2
	9	1		7	6			4
				8		7		
		6	1	9				7
					3	1	4	
9	8							6
	1	7				3		9
5	2						8	1

#85

	7					4		6
6			3	9		1		
5		8	4		6			
					9			
	4		1			5	2	
	1		8	3				
			2	9				
1		7	5					9
	5					2		

#86

			2					
		4				6	2	
				8	1	5	4	
	7		3				8	1
5								2
	8	1		7		9		6
	1			9	8			
6				2			3	5
4		8						

#87

			4				5	
	2			9			4	3
9					7			1
6		1				4	2	
2	8			6				9
	5				4			
	7		6			3		
								4
3	6	9			2			

#88

5	9			6	2	1		
	3				8		6	
	8		9				4	
3							7	9
			9	8		6		5
				4			1	5
		2			9	3		
				1			8	

#89

	9		3	5	1	2	8	
	3	8				9	5	6
	5				6		1	
8			2	4			3	1
5	6			1	3		2	
		1	7				4	9
2			6	7	4			5
6			1					2
				8		1	6	3

#90

	3			9	1			
	8					2	7	3
	9					3		5
		1		6				
4		9						
7		3						4
	7		2			1		
3			7		9			
						8		5

#91

	2		4		7	3		
9						7		
		7		8		9	2	
2					6			5
	1							
	5	4			2		6	
	4	8	5					
1	9							8
5			8	2	9			

#92

6	2	9	4		1			5
1		4		2	5		9	
5	7	3	8	6			1	4
2	9				8			7
3			6	5	7	8		9
		7	9		2			1
4	1			7			5	
		5				4		2
7		2			4			

#93

6	7			2	1	8		
3								9
		8	7		3			
7			4					
	8							3
			2	9		7		
		1		7	4		8	5
	9							
		6		3			2	

#94

							8	3
8			1		3	4	5	
			3				9	6
				1		5	2	
	2		5	3				8
				7				
6	4					8		
			9	2		7		
2				8	4		1	

#95

			4			5		
		6			8	2		
1		7			3			
	9			5		1		
2						3		
		9		2		7		
	5		4	7				
8	6		2			7		
		3				1		

#96

7			4	5		1		
	8			7		2		
		6						
					5	3		7
			8				5	9
6		1				4		
4	1	7			2		9	
	2	8						
				8	7			

#97

	5	8	7			3		6
			4		5			
4					8			
		5	3					
			1					
		1				2	6	8
	4					5		
1	8				5	7		
			9	7				1

#98

	9	4	2	8				
						9	3	
3			1				4	2
	7					2		1
				2		5		7
				1	6			
5		3						
			8	6	9	5		
	6	9	8					

#99

		2	7	1				3
8		6			4			
			8		7			5
5	6							1
	9		1			7		
7		2		6				4
			3	8				
	3	7		5	2	8		
		5				3		

#100

2				9				
			2	7			6	
4			1				9	
			3	2		1	8	
	9	1	6				3	
	4		5			6		
	1							8
	7			8				
			7		5		1	

#101

8			2					
				3		8		
	2					5	9	1
6	3		9			5		
4	7				6			
9	1			7				
			3		4			
				1				3
1	6		7		5			9

#102

			6	5				1
	6			9		2	7	5
				2	7		9	
4		9		6				
			5		3	9		
	8							2
	9	2				4		6
			9	4	6			
1								

#103

			4		6			
4				3		5		
2		7	6	5		4		
		8		3	1	5		
		5						
	7	2	4			9	8	
5			2				3	
		9			2			5
			5		7			

#104

	4	6		1			7	
	1		4	9	5			6
		5						
4				6	9			
	5					8		
6		3		8		7		
5				6			4	
3			8			6		2
		7						

#105

			2				9	
5		4	1	7			6	
7	2	6				1		4
	5				6			
	4							2
	6			9	2		1	
8			6		3		5	9
	3							
								1

#106

		6					8	
	8					3		
		3	9	6	8	4	7	
2		9	5				4	8
	7	4			3			6
8						7	2	
		1				9	5	
					1			
	9		6	5				

#107

					2	3		1
	7		8					
	8	6			3		4	
			7					
1		7	5				2	6
	9	5			4			
		2	3				7	
8							6	3
	6				5	1		

#108

						4		
		7			6			
1		8	3		9			7
9		1		5	2			
4						2		1
			6			9		
		3		4		1		
			1		7			
						8	9	6

#109

7	9	8	4					2
			7	9				3
		5						4
	8	3				7		
9	7		3		4		1	
				1				
5					4	2		
	1		5					
	2	9	6					

#110

				7	9		8	5
		9			2	7	3	
8			5				1	
			1	8	6	4		
6	3		2				9	
4			6			3		9
	6					8		2
	9		2					

#111

4	7	8	3					
		3	9	5	8	7		
9					4	2		
			6		9	3		
3	1		8	4		7	6	5
7	6		5		3	2		
2		4	6		1	3	8	
			8	4				2
	8		3	2			1	

#112

			8	5				
2	5					6		
8			7		9		2	
		9			6			
		5	3					6
7	2			9			4	
						8	1	
	3					7		9
			1		5		3	

#113

3	1			6		8	2	7
9	4		2		5			3
6				3	9			
5	7	2			1	3		
		9	2	7			4	8
8			5			1		
	8		3		2	4		5
4	6	1	7	5		2	3	9
2	5	3	6		4			

#114

	8						1	
		3			9	2	7	
			8			3	9	5
		5	2			7		
	1				5			
		6		9				
			6				5	2
		4			1	9		
1	7		9					

#115

8			2		9	3		
7			5					
			6					
2	5	8			4			
		9			6			8
						7	5	
3		1		8			5	9
	9	2		1			8	
				9			6	

#116

	6		4	7		3	8	
8	4	9						2
5		3			8		9	4
	5	1						
	3		1			5		
		6	5		2	4		
		5		4		1	7	8
		7				9		3
		4						

#117

7	1							
8			5	9			6	
			8	3		9		
	7							5
		6	9			3		
3		8	6		5		1	
							5	
			4			7	3	
		7		8	6		9	2

#118

	6							9
2	1							4
8							3	
			1		8	3	4	
1						9		2
			4		9	6		
	4			6			8	
	5		8		1		9	6
			3			4		

#119

5	4	8	7		3			2
		6					5	
3			5			7		
				6				
	9	2		4		1		
		7			5	3		8
7	3	4	6			9		
					9	8		7

#120

	3	9			4	7		2
			5			4		
7		5			6		8	9
	1		9	5				
			4		7			
			1			9	4	
2							7	1
5			3	9				6

#121

3	8	5						7
	1	6		4				
		2		3				
	7	9	4	8			1	
				9			5	
								9
			8	5			6	
2	6							3
			2		3		4	

#122

	3		4			8		2
1		8			5			9
2		7	8		6	4	3	1
3			5	8	1	6		
				6	3	2	8	5
	6	5		2	4			3
	8	3			9	5		
5		9						
7		4			2		9	

#123

	4	1			5			7
	7		3				5	
	3		8			2	1	
		7	5	8				2
		8	1		7	4	3	
		2						
		5			8		2	
				6	9	5		
					9			

#124

5				7			1	
			1	6				4
		3		5	9	6		
		1				3		
4	9	2						
8					7	2		
	1		7	3		4		
3		4					2	6
						9	3	

#125

	3	6	5					4
4		7	6		3	9		
	9			8				
			5		6			
			3		4	5		
		2						1
	7	1		9	4		8	
	5				2			
		3			5	7		

#126

				1			5	9
					8			6
9		8			4	1		
5		4	2			8		
	3		9		7	6		2
		9	5					
					1		3	9
3			6					

#127

	2				6	1		
	8	2						9
		4		1				8
2	9		5					
		3			2	4		
	4	7		1				
			7	5	8			
		1	4	9		5		
					1	3	7	

#128

			9	8	3	6		
		6		5			3	8
		3			1	5		
			1					4
4		2				9		
5	9			2	4			
	6						8	1
		9	6		8	4	5	
	5			1		3		

#129

							1	
			8		1			2
		6	4		9			
		9		4	8	7		
8		7	5					
1	6	4						8
	4		6	5		8	3	9
			3					
9		3	1					7

#130

				5	7		1	
					9		6	
1		7	4	8	6			9
						5	7	2
		6	3		5		8	1
8	2			7			4	
		8						
		9		1		6		7
7	6				3			

#131

	9	7	3		2			4
	1							7
		3			8			5
								3
			5	4	1			2
			8					
		1	4			6		
				7		3		
	6	5	1		9		7	

#132

			3		2		8	
5				7		4	2	
		9		4			7	1
9	6			1				8
4	7				3	1		
			7					
		2	6					5
	5							
				2	9			

#133

				8				
9	2		6		7		5	3
8		6	5					2
	4	8	3					6
		3			5			
			4					5
6	5						1	
1			8	5			3	
					1			7

#134

			6			2		
4		3	8	1				
1				9	3	8	4	
			7		2			
		8						
	7		4	3	9	5	1	
2	4			6			7	
						3	8	
				4	7			

#135

	7					5		
2	8	9		6				
5	4				7	1		9
3					4	7	5	
		2	1				8	4
		4	8	3	5	2		
					6		1	
	2			4			7	

#136

			1	6				5
	2		5				4	
				7		2		
3	9			1			5	
5			6	4	3			
						3		7
	4			2			6	
	5		8					4
2		9					7	

#137

	6					7	5	
3				8	5	9		
								8
		6		9		5		
		8				1	2	
	9		5	1			7	
	4	3			1			
7			4		2			
			7	6	9			

#138

								8
8	9	2	6	5		3	4	
	7	5					1	
	8		9	4		1	5	
			2	3	8		7	
	3							
				9				6
					4			
1						2		

#139

4	1	7			9	5	6	
5	3		4					
		6				1		
7	9					4		5
								1
	8	4			1	9		2
					3			4
	7							6
			6		2	7	9	

#140

		7				9		8
8							1	5
	4		6					7
			2		1			
	7		5	4	6			
4		6					7	
3	9					1	2	
	1	8	9				6	
				1				

#141

		3			8			
			4				6	
7			1			9		
	3			4		5		8
5				9	1	4	2	6
4				8				
8	4		6	1	7	3	9	5
1	6	7	5	3	9	8	4	
		5	8			6		

#142

9								
3	6	2		4				
		8					1	
8		3	7	6	2		5	
	4	6	8	3		7		
			9					
			6				7	8
6	3			9				
5	2			8		3		

#143

		7		4		9	6	
		9	6	3		8		
					9		5	
	8			6				
		1						
2	9		7			4		8
5	6							
7						2		
			3		4		8	7

#144

							1	9
				7	6			
8			5	9			2	
			6					2
7				5		9	1	
9			4		8		7	
		1	3	7			5	
2				1				
		9			5	8		

#145

			1		6		4	
2			9	5			1	
5	1							7
	3				8			
4	6							9
			3	1	4			
8		4		3	5	6		
					7			
	5			7	8			

#146

	2		1			9		
4			9	2			1	
1				6	4			
						6		2
			6		9			8
	8			1			5	
2		4		9				
	9	3	8					
	6			5	1		9	

#147

					9	1		
	8	9		3			7	
			7	5			3	
				8			9	
5	9					3		7
		1		9	3	6		5
	6							2
7						5		
9	2	4				7	6	

#148

			7					5
	3			6	8	4		
	6							1
1	8	9					5	
4				9	6	8	3	
	4		8	7	5	1		
3		1	2					
5				4				

#149

		2			3		7	
			2	8				
7			9		4	3		
8	2							
			8	5		4		
			6	2	1			
	4		6	9				
5		8		2	4			1
		6	5	4				3

#150

3				8				5
		5					2	
	9					3	8	1
		4			5			3
				1			9	2
9		6	7			4	5	
			9	3				
		8	1	6				
			5		7			

#151

		7		4				
		3			7			
2	1	6			9			
			5					
9		5			2	3	7	
	3					5	6	
			4			6		
5	6				3			
			8	1	6			9

#152

	3		2				5	
		9		6	5			1
								4
7			3		6	4		
8				9				
9			4					8
	4	2			3		7	5
					4	6		9
		8		7				

#153

			8			3	4	
	1	3						
		8		9			7	
			1		9	5		
				7			6	
	5			2		8		1
				8	5	7	2	6
	9				6			3
		7						

#154

9			7		4			
7						3		1
3	2					8		
8		1		2		6		
	6			4	5			
				6	9	7		8
4						9	1	
			4		2			
			6				8	

#155

2	1				5	7		
	5				6	3		
			3					
	2	7	1					
			2		3			
	6			7			8	
6		5			1	9	8	
								3
7	9				8			6

#156

						9	6	
		3						
	7	1						2
4					6	8		1
		5	1			4	3	
			8			9		
	9		5					
			6	7				8
		6				2	4	

#157

				5		8		7
1	6							
			8			2		1
			4					9
9		7	2		5			6
2		5				4		
		3	4	8				
4		2	9	6				
		6						2

#158

			5					4
6	3	7		9			8	
4		9					3	
8			7	4	1	3		
				5				6
9				2			4	8
				1			2	
			9				5	
	9	4			8			1

#159

7					6		1	9
	5		2		1	3		
1	2					4		
			5	9				
		9			2		8	3
			3		6			
	1	4			3	9	7	
						4		
	6			1				

#160

9	4		2	7	6	1	3	
6			4		1		9	
1			8	3	9	5	4	
7	5		9	4	2	6	8	3
2	6	9	1		3	4		
4	8		5	6		9		2
5	1						2	4
			6	1		8	5	9
		9	4	7	2	5		1

#161

		5	9		7	1		6
1			8			3	9	2
8							5	
		3		9			7	
	8	6		3				
5	7							
			6	1	8	9	2	3
			3	7	9		1	
3				5	4			7

#162

	2				8			
	4			1				
					3	8	2	9
	9		8	4		3		
						2		1
3						7		
1					2			
7			6		1			8
8				3	4		7	

#163

2					8		6	5
1	4			3		7		
			4					
			1	2				
			6	7			4	9
	5				8			2
	7							
4	8	5	2		9			
					2			

#164

	7	1		4		2	8	
8		2	9		1			7
		3						1
4	5			9				
				6		8	9	3
			5	3				8
	2		8		6			9
		4		7		3		6

#165

			9					8
	3			5			4	
6			3			1		7
	7	2				4	9	3
	4					6		
			4		9	7		
			3	2		6		
2			5			8		
3	5				4			9

#166

	7	9				8		2	5
	8			6	5		7	
			9		3			6
2		1					8	4
8				2	1			
3	5	4				2		
	4		5					
5		6				1		
7	1	8			4			

#167

		4		6		2		
2		1			3	6		
5			9		7			
	8				1	4		
	3		2		1			7
1			7					
3	2			1				
7			4	5		6	3	
		8						

#168

						2	4	
6			2	1		8		
			4	8	5			
	6	2	7					
		8		5			9	
		4			2	1		
				2	1			6
2								
8	3		9	7				

#169

5						6	3	
6			3	4		8		1
	1	3						4
1	7		8	9		3	2	5
8	3	2	7			1		
9			1	2		7		
	6							
	5				7			6
		1		8		4	9	

#170

	3					7		
	2	6					8	
			6			7		
			1			8		
6						3	4	
	5	1				9		
			7	4	2			5
			5		6	3	4	
		4		3			1	

#171

	6	7	2			5	3	
					1			
		4		3				9
			7		2	9		
	8	2				6		
6								5
	2	6	1			5		
			9	5	6			
			3	4		8		6

#172

				8			4	
5			6	3	1			
		4	5				3	7
6	4						1	2
7		3	2			6		
4				9		2	6	
		5				7		
9			7	5				

#173

8		1		9		6	3	
			6		2			8
		6			1		4	
2			7	6	5	4	9	
5		4	9		7			
				2		3		
		2	5	1				4
								7
9		5						

#174

1					3		4	
		8	5		9			2
5	2				1		8	
			3	7			9	8
			1					
	4	3						
		7				3		
	9			8	7		2	5
							6	9

#175

	7	9	8		2			
6			7					
	8			3				
								1
1		6	9		3	2	8	
					6	3		
		8			1			
7	6		2		8			
2	4							3

#176

4								
			3		5			
		9					1	2
7			8					
5					6	7		
	1						3	5
	5	3			4			1
		8	7	2	3	4		
			5				6	

#177

2	5		8	6	9			
		9		1				
	3				7			
		3	9					
					6		2	8
4	7			3			9	
		7			5	9		
		5	6		3	1	4	
							5	

#178

	4			2				
2	5		7		1	8		
8	3					4		
					9	3		
3		7	4		6			2
	6	8						
6			2					1
				8	4		7	9

#179

2								
	5				2	8	1	
8		9			5			4
3	1		2				9	
	6				9		3	
						5		8
			5					
		7	6					1
			9	8	3	2		7

#180

	8			9			1	
2		1	3			5		4
7				8	5			
	3					9		
4					2		3	
		9						5
					1	8	9	
							4	2
3		8	6					

#181

		6			7			
8	7	5	3		2			
			9		7		4	8
5	6							1
					6		8	
		3		5				
			2		4			
	4		6	9				
	1		7			6		

#182

7	3							6
6							8	7
	1			6		3		
				4		2		
	9	6		3	5			8
4		3	8					
3	4		9			7		
		9	2		6		3	

#183

			1	6				
		2				5	4	
			3		5			
2	5		4				6	
6	8			9	1			
	7			8			3	1
		9					7	
	2							5
7						9		8

#184

						6	9	
		6					3	
								4
8	5	6	7	1				
4					9	3		
9	7							
7				8				
		4		6	7	2		
		2		3	1	9	5	

#185

4		7				9	6	
		1						
		8				3		7
8								
	9				5			1
			2		6			9
5					8	6		2
9				3		8		
		2		6			5	

#186

					4	7	1	
7			8			2	5	
	6			5		3		
		1	4		8			
9								
			9			6	2	
	1	7					6	
2		3				4		
6			7	3				

#187

			7	6	3		5	
				1		6		
	6		1			9		
			9	1	7	2		
				4			9	
7	4			3				
	5			9	6			
2	1		5		7			
			3					

#188

				3		7		1
		7	6					
	9						5	
				6				4
4	1				2	5		6
		3		5	1	9		
		6		2		1		
		4						3
			3	9	6			

#189

					6			
3	9		4	2				5
5			3		8		7	
6	5					7	1	
			1					9
						2		
	3		7					4
	7			9	5			
	8	9						

#190

	8							9
4		3		6			8	
	9			7			3	
		9	8				7	
								8
5	3	8	1					
9	2	4					5	
	7				2	4		
				4	3	6		

#191

5	4	1	8			2		3
6			7	5			1	
	7		2		4			
1	3			4				
4							3	6
2				8	1			
	2	6		8				4
		3			7	6		
		4			6		9	

#192

		7			2			4
			1	3				
	6			5				2
	7						1	
		9		4				6
			8		6	4		
			6			2		9
7	4			2		5		
					4	6		

#193

	4			1	2	5		
1						4		7
		2			6			
2				7				
6				9	1			
		5			4	7	9	
	5			6	9			
9			1				7	6
						3		

#194

	4							
			1					6
3		7		8	5			
	6	8					5	
	9				7	1		2
				3				
				1	8			
1		4		6				
	2		5			7	4	

#195

	2			7				6
3								1
			3		8		2	
		3			1	6		
5		9			7			
8				4				
6		4	2				1	
		5		7			9	
					8			7

#196

8	3	9	6	2			1	
6		4	7		8			2
	1	2	4		9	8	6	
3	7	1	2	4	6	9	5	8
5	4	8	9	7	1	6	2	3
	9				3		4	7
4	2	3	1	9		5	8	6
1	6	7			4	2	3	9
9	8	5			2	4		1

#197

					5	8		
6				3			9	
	8				9		6	3
5	7		4	8				
	6		1	9		7		
	4				6			9
7		2			4			
		6				7		
			3		2			6

#198

5			6				8	
7		2			9	3	5	
			4					6
	2						9	
	3		8	9				7
				5	1			
8		1		3			7	
3	7			6	4			

#199

					9			
	7		2		9	6	5	8
	5	2			4		3	
			3			4		
	6	3			5	7	1	9
		8			6			
	1	6						
	2		4	7				
					5			

#200

8		6		9			7	
			5	8				
				6			9	2
7	9			4			6	
	5			2	6		4	7
						5		
6		9			2			
	4	7		5			8	1
			6					

Solutions

#1

6	1	9	4	3	7	5	8	2
3	8	5	1	2	6	7	4	9
4	7	2	9	8	5	1	3	6
7	9	3	5	1	8	6	2	4
2	4	8	7	6	3	9	5	1
5	6	1	2	4	9	3	7	8
8	3	7	6	9	4	2	1	5
1	5	6	8	7	2	4	9	3
9	2	4	3	5	1	8	6	7

#2

5	6	3	8	9	4	7	2	1
1	4	2	5	7	3	6	9	8
8	7	9	1	2	6	3	4	5
2	9	4	7	8	1	5	3	6
3	8	1	6	4	5	2	7	9
7	5	6	9	3	2	8	1	4
6	3	7	4	5	9	1	8	2
4	2	5	3	1	8	9	6	7
9	1	8	2	6	7	4	5	3

#3

1	8	6	3	9	2	7	4	5
3	2	5	1	4	7	8	9	6
9	4	7	6	8	5	1	2	3
6	1	2	8	5	9	4	3	7
4	5	3	7	6	1	2	8	9
8	7	9	4	2	3	6	5	1
2	6	1	9	3	8	5	7	4
7	3	8	5	1	4	9	6	2
5	9	4	2	7	6	3	1	8

#4

6	9	3	8	1	4	2	5	7
4	1	7	9	5	2	6	8	3
8	2	5	7	3	6	1	9	4
3	6	2	4	8	1	5	7	9
1	5	8	3	9	7	4	2	6
9	7	4	2	6	5	8	3	1
7	8	6	5	4	3	9	1	2
5	3	1	6	2	9	7	4	8
2	4	9	1	7	8	3	6	5

#5

4	1	3	6	8	2	9	7	5
8	5	9	1	7	3	6	2	4
2	6	7	9	4	5	1	8	3
9	4	5	3	6	7	8	1	2
3	8	1	2	5	9	7	4	6
7	2	6	8	1	4	3	5	9
1	7	2	5	3	6	4	9	8
6	9	4	7	2	8	5	3	1
5	3	8	4	9	1	2	6	7

#6

8	9	4	3	7	6	1	2	5
7	3	1	8	5	2	4	6	9
5	2	6	4	9	1	8	3	7
9	1	5	6	3	4	7	8	2
3	4	2	9	8	7	5	1	6
6	7	8	1	2	5	3	9	4
1	6	7	2	4	8	9	5	3
2	5	9	7	1	3	6	4	8
4	8	3	5	6	9	2	7	1

#7

7	3	1	5	9	4	2	6	8
2	5	9	3	6	8	4	1	7
6	8	4	7	1	2	5	3	9
3	9	7	6	2	5	1	8	4
5	6	8	4	3	1	7	9	2
4	1	2	8	7	9	3	5	6
8	4	6	2	5	3	9	7	1
1	7	3	9	4	6	8	2	5
9	2	5	1	8	7	6	4	3

#8

2	8	9	6	1	5	4	7	3
5	7	4	2	9	3	6	1	8
3	6	1	8	7	4	9	2	5
1	4	6	7	5	9	8	3	2
8	2	7	4	3	6	5	9	1
9	3	5	1	2	8	7	6	4
7	9	3	5	8	1	2	4	6
6	1	8	9	4	2	3	5	7
4	5	2	3	6	7	1	8	9

#9

9	6	4	5	1	2	3	7	8
8	3	1	7	6	4	5	2	9
5	7	2	3	9	8	1	6	4
6	9	5	1	7	3	4	8	2
4	2	7	6	8	5	9	3	1
3	1	8	2	4	9	7	5	6
7	5	9	8	2	1	6	4	3
2	4	3	9	5	6	8	1	7
1	8	6	4	3	7	2	9	5

#10

3	5	7	2	8	6	1	4	9
6	4	8	1	9	7	5	2	3
2	1	9	3	5	4	8	6	7
7	2	5	8	4	9	6	3	1
4	8	6	5	3	1	9	7	2
1	9	3	6	7	2	4	8	5
5	6	4	7	1	3	2	9	8
9	3	1	4	2	8	7	5	6
8	7	2	9	6	5	3	1	4

#11

9	4	2	5	8	7	3	6	1
6	3	1	2	4	9	7	8	5
7	8	5	6	3	1	4	9	2
1	6	8	3	5	4	2	7	9
5	7	9	1	6	2	8	3	4
3	2	4	9	7	8	1	5	6
2	9	3	7	1	6	5	4	8
8	5	6	4	2	3	9	1	7
4	1	7	8	9	5	6	2	3

#12

7	3	5	9	4	8	1	6	2
4	2	9	6	1	3	8	7	5
8	1	6	2	7	5	3	4	9
3	7	2	1	6	4	9	5	8
6	4	8	3	5	9	2	1	7
5	9	1	8	2	7	6	3	4
2	8	4	7	3	6	5	9	1
1	5	3	4	9	2	7	8	6
9	6	7	5	8	1	4	2	3

#13

5	2	1	7	6	9	3	4	8
7	3	8	1	4	2	6	9	5
4	6	9	8	5	3	1	2	7
6	9	7	4	2	1	8	5	3
2	1	3	5	7	8	9	6	4
8	5	4	3	9	6	2	7	1
1	7	6	9	3	5	4	8	2
3	4	2	6	8	7	5	1	9
9	8	5	2	1	4	7	3	6

#14

3	7	2	6	9	4	8	1	5
6	8	9	1	2	5	4	3	7
1	5	4	8	3	7	2	6	9
9	2	5	3	4	1	7	8	6
7	3	1	5	6	8	9	4	2
4	6	8	2	7	9	1	5	3
5	1	6	9	8	2	3	7	4
8	9	7	4	5	3	6	2	1
2	4	3	7	1	6	5	9	8

#15

6	5	1	4	8	3	7	2	9
8	4	9	7	1	2	6	5	3
3	7	2	9	6	5	8	1	4
5	2	8	3	4	9	1	7	6
1	6	3	5	7	8	9	4	2
4	9	7	1	2	6	3	8	5
7	1	6	2	3	4	5	9	8
2	8	5	6	9	1	4	3	7
9	3	4	8	5	7	2	6	1

#16

8	2	9	6	5	3	7	1	4
1	3	5	7	4	2	9	8	6
4	6	7	9	8	1	2	3	5
9	1	6	4	2	7	8	5	3
2	8	4	5	3	6	1	7	9
5	7	3	8	1	9	6	4	2
6	9	8	3	7	5	4	2	1
7	5	2	1	9	4	3	6	8
3	4	1	2	6	8	5	9	7

#17

2	5	8	1	7	6	4	9	3
6	9	3	5	4	2	1	7	8
1	7	4	3	8	9	5	6	2
8	6	2	4	5	1	9	3	7
5	3	1	8	9	7	2	4	6
9	4	7	2	6	3	8	1	5
7	8	5	6	1	4	3	2	9
3	1	9	7	2	8	6	5	4
4	2	6	9	3	5	7	8	1

#18

1	2	5	4	3	9	6	7	8
9	6	8	2	1	7	4	5	3
3	7	4	8	6	5	9	1	2
6	9	3	1	2	8	7	4	5
4	8	7	5	9	3	1	2	6
5	1	2	6	7	4	3	8	9
7	5	9	3	4	2	8	6	1
2	3	6	7	8	1	5	9	4
8	4	1	9	5	6	2	3	7

#19

8	1	2	5	9	6	4	7	3
7	5	6	4	3	1	9	2	8
3	9	4	8	7	2	6	1	5
6	7	1	3	4	5	8	9	2
9	4	3	2	6	8	7	5	1
5	2	8	9	1	7	3	6	4
1	8	9	6	5	3	2	4	7
4	3	5	7	2	9	1	8	6
2	6	7	1	8	4	5	3	9

#20

5	4	7	9	8	2	6	3	1
2	1	6	4	7	3	9	8	5
8	9	3	6	5	1	7	4	2
7	2	1	8	9	4	5	6	3
6	3	5	2	1	7	8	9	4
9	8	4	5	3	6	1	2	7
1	7	9	3	4	8	2	5	6
4	5	2	1	6	9	3	7	8
3	6	8	7	2	5	4	1	9

#21

9	7	5	6	4	2	1	8	3
1	3	2	8	9	5	7	4	6
4	8	6	3	1	7	9	5	2
8	9	4	1	3	6	5	2	7
7	2	1	9	5	4	3	6	8
6	5	3	7	2	8	4	9	1
2	1	9	5	6	3	8	7	4
3	4	8	2	7	9	6	1	5
5	6	7	4	8	1	2	3	9

#22

5	6	9	1	7	4	3	8	2
4	8	7	2	3	5	1	9	6
2	3	1	6	9	8	7	5	4
3	5	8	9	6	7	4	2	1
7	4	2	5	1	3	9	6	8
9	1	6	4	8	2	5	3	7
8	2	4	3	5	1	6	7	9
6	7	3	8	4	9	2	1	5
1	9	5	7	2	6	8	4	3

#23

1	2	3	5	7	8	4	6	9
5	4	7	6	3	9	8	2	1
9	8	6	4	2	1	3	5	7
7	1	8	2	4	5	6	9	3
2	6	9	3	8	7	1	4	5
3	5	4	1	9	6	2	7	8
8	3	5	9	6	4	7	1	2
4	9	2	7	1	3	5	8	6
6	7	1	8	5	2	9	3	4

#24

9	8	3	4	1	7	2	5	6
5	2	1	6	9	8	4	3	7
4	7	6	2	5	3	9	1	8
6	3	2	7	4	9	1	8	5
8	5	4	3	6	1	7	9	2
1	9	7	8	2	5	3	6	4
2	4	8	1	3	6	5	7	9
3	6	5	9	7	2	8	4	1
7	1	9	5	8	4	6	2	3

#25

1	6	8	9	3	4	2	5	7
5	2	4	7	8	6	9	3	1
9	3	7	5	1	2	8	4	6
3	4	6	2	7	5	1	8	9
8	7	5	4	9	1	6	2	3
2	9	1	3	6	8	5	7	4
6	8	2	1	4	7	3	9	5
4	5	3	6	2	9	7	1	8
7	1	9	8	5	3	4	6	2

#26

8	7	1	4	5	6	3	9	2
5	2	6	8	9	3	4	1	7
4	3	9	7	2	1	8	6	5
2	8	4	9	6	7	1	5	3
7	6	3	5	1	8	9	2	4
9	1	5	2	3	4	6	7	8
3	9	7	6	8	5	2	4	1
1	4	2	3	7	9	5	8	6
6	5	8	1	4	2	7	3	9

#27

2	7	6	9	5	4	3	8	1
1	3	5	2	8	7	9	6	4
4	9	8	1	3	6	5	7	2
8	4	2	5	1	9	6	3	7
3	1	9	6	7	2	8	4	5
5	6	7	8	4	3	2	1	9
6	2	4	7	9	8	1	5	3
9	5	3	4	6	1	7	2	8
7	8	1	3	2	5	4	9	6

#28

6	3	7	1	2	5	8	4	9
8	2	9	6	7	4	3	1	5
4	5	1	3	9	8	2	6	7
3	1	8	7	4	6	9	5	2
5	9	4	2	3	1	7	8	6
2	7	6	5	8	9	1	3	4
1	4	3	9	6	7	5	2	8
9	8	5	4	1	2	6	7	3
7	6	2	8	5	3	4	9	1

#29

6	7	9	3	8	4	2	5	1
3	2	5	6	1	9	8	7	4
8	4	1	5	2	7	6	9	3
5	8	4	9	7	2	1	3	6
1	6	7	4	5	3	9	8	2
9	3	2	8	6	1	5	4	7
2	1	3	7	9	8	4	6	5
7	9	6	1	4	5	3	2	8
4	5	8	2	3	6	7	1	9

#30

8	7	2	9	4	6	3	1	5
5	9	3	7	8	1	2	4	6
1	4	6	5	2	3	7	8	9
2	8	5	3	6	9	4	7	1
9	1	4	8	7	2	5	6	3
3	6	7	1	5	4	9	2	8
6	2	9	4	1	5	8	3	7
4	5	8	6	3	7	1	9	2
7	3	1	2	9	8	6	5	4

#31

6	8	2	7	9	5	3	1	4
9	1	4	8	3	6	5	2	7
3	7	5	4	2	1	8	6	9
4	3	6	2	5	8	9	7	1
7	2	8	9	1	4	6	3	5
1	5	9	3	6	7	4	8	2
5	6	7	1	4	3	2	9	8
8	9	3	5	7	2	1	4	6
2	4	1	6	8	9	7	5	3

#32

3	6	8	1	9	4	5	2	7
7	1	2	6	5	3	9	8	4
5	9	4	2	8	7	3	1	6
6	8	5	7	4	1	2	9	3
1	4	7	9	3	2	8	6	5
9	2	3	5	6	8	7	4	1
8	3	6	4	7	9	1	5	2
2	5	9	3	1	6	4	7	8
4	7	1	8	2	5	6	3	9

#33

6	8	3	7	1	4	5	2	9
4	1	9	5	3	2	6	7	8
2	5	7	6	8	9	3	4	1
1	6	5	8	4	7	9	3	2
3	2	8	1	9	6	7	5	4
7	9	4	3	2	5	1	8	6
9	7	6	4	5	8	2	1	3
8	3	2	9	7	1	4	6	5
5	4	1	2	6	3	8	9	7

#34

7	5	8	4	6	1	3	9	2
4	1	2	3	9	7	5	8	6
6	9	3	2	8	5	1	4	7
8	7	1	6	5	4	2	3	9
9	3	6	8	1	2	4	7	5
2	4	5	9	7	3	6	1	8
3	6	7	1	2	9	8	5	4
5	2	4	7	3	8	9	6	1
1	8	9	5	4	6	7	2	3

#35

6	2	1	7	9	5	3	8	4
3	5	8	2	1	4	7	9	6
7	4	9	8	3	6	2	1	5
5	3	2	9	7	8	6	4	1
1	7	6	4	5	3	8	2	9
9	8	4	1	6	2	5	3	7
2	9	5	3	4	7	1	6	8
4	6	3	5	8	1	9	7	2
8	1	7	6	2	9	4	5	3

#36

1	6	4	2	9	5	8	7	3
5	2	8	1	3	7	6	4	9
3	9	7	8	6	4	1	2	5
6	1	3	5	7	2	4	9	8
2	4	5	3	8	9	7	6	1
8	7	9	4	1	6	5	3	2
9	8	1	7	4	3	2	5	6
4	5	6	9	2	8	3	1	7
7	3	2	6	5	1	9	8	4

#37

1	8	9	2	6	5	4	7	3
6	7	4	3	8	9	5	2	1
3	2	5	4	1	7	8	6	9
9	5	7	6	4	3	1	8	2
2	3	8	7	9	1	6	4	5
4	6	1	5	2	8	3	9	7
5	9	3	8	7	6	2	1	4
8	1	2	9	5	4	7	3	6
7	4	6	1	3	2	9	5	8

#38

1	2	8	4	3	9	7	6	5
9	5	3	6	7	2	8	1	4
6	4	7	5	1	8	2	3	9
8	6	4	2	9	3	1	5	7
5	9	2	7	6	1	4	8	3
7	3	1	8	5	4	6	9	2
4	8	5	9	2	6	3	7	1
2	1	9	3	8	7	5	4	6
3	7	6	1	4	5	9	2	8

#39

3	2	4	6	7	8	5	9	1
8	9	7	2	1	5	4	6	3
1	6	5	4	9	3	2	8	7
9	5	8	3	2	4	7	1	6
4	1	6	7	5	9	8	3	2
7	3	2	8	6	1	9	5	4
6	4	1	9	8	2	3	7	5
5	8	3	1	4	7	6	2	9
2	7	9	5	3	6	1	4	8

#40

8	3	7	1	2	6	4	9	5
5	6	1	3	4	9	2	8	7
4	9	2	5	8	7	3	6	1
3	5	6	4	7	8	9	1	2
1	7	8	2	9	3	6	5	4
9	2	4	6	5	1	8	7	3
6	8	3	7	1	2	5	4	9
7	4	9	8	3	5	1	2	6
2	1	5	9	6	4	7	3	8

#41

6	9	8	3	4	2	7	5	1
5	3	4	7	8	1	6	9	2
7	2	1	9	5	6	4	3	8
2	6	5	1	9	7	8	4	3
9	1	3	4	6	8	2	7	5
4	8	7	5	2	3	9	1	6
3	5	2	6	7	9	1	8	4
8	4	9	2	1	5	3	6	7
1	7	6	8	3	4	5	2	9

#42

8	9	6	1	5	7	3	2	4
4	1	3	2	6	8	5	7	9
5	7	2	9	4	3	1	8	6
6	4	8	5	1	9	2	3	7
7	3	9	4	8	2	6	5	1
1	2	5	7	3	6	4	9	8
2	8	1	3	7	4	9	6	5
3	5	7	6	9	1	8	4	2
9	6	4	8	2	5	7	1	3

#43

1	2	9	3	4	6	7	5	8
5	7	6	2	1	8	3	4	9
8	3	4	9	5	7	2	6	1
2	4	8	5	9	3	6	1	7
3	6	5	7	8	1	4	9	2
7	9	1	4	6	2	8	3	5
4	8	3	1	7	9	5	2	6
6	1	2	8	3	5	9	7	4
9	5	7	6	2	4	1	8	3

#44

5	3	6	7	4	8	2	1	9
2	1	4	5	9	6	8	7	3
9	8	7	3	1	2	4	5	6
7	5	2	8	3	1	6	9	4
6	9	3	4	2	7	5	8	1
8	4	1	6	5	9	3	2	7
4	2	9	1	8	3	7	6	5
3	6	8	9	7	5	1	4	2
1	7	5	2	6	4	9	3	8

#45

3	4	5	1	6	2	9	7	8
1	2	7	8	3	9	4	5	6
6	8	9	7	5	4	1	3	2
2	7	6	9	1	5	8	4	3
4	9	3	6	7	8	2	1	5
8	5	1	2	4	3	7	6	9
9	1	4	3	8	6	5	2	7
7	6	8	5	2	1	3	9	4
5	3	2	4	9	7	6	8	1

#46

8	6	3	2	9	7	1	4	5
1	5	2	3	4	6	9	7	8
4	7	9	5	1	8	6	2	3
7	1	8	9	2	4	5	3	6
6	9	4	8	5	3	7	1	2
2	3	5	7	6	1	4	8	9
3	4	1	6	8	5	2	9	7
5	2	7	4	3	9	8	6	1
9	8	6	1	7	2	3	5	4

#47

8	1	2	4	3	6	5	7	9
3	4	9	8	5	7	1	2	6
6	5	7	2	1	9	4	8	3
5	9	3	7	4	2	6	1	8
7	8	1	9	6	5	2	3	4
4	2	6	3	8	1	7	9	5
1	7	4	6	9	3	8	5	2
2	3	8	5	7	4	9	6	1
9	6	5	1	2	8	3	4	7

#48

3	1	9	5	2	7	8	6	4
2	4	8	1	9	6	3	5	7
6	7	5	8	4	3	2	9	1
4	3	6	9	1	8	5	7	2
9	2	1	4	7	5	6	8	3
8	5	7	6	3	2	1	4	9
7	6	2	3	8	4	9	1	5
1	8	3	7	5	9	4	2	6
5	9	4	2	6	1	7	3	8

#49

2	5	6	9	8	3	7	4	1
8	4	3	7	1	5	6	9	2
1	9	7	6	2	4	5	8	3
3	8	1	2	4	7	9	6	5
6	2	4	1	5	9	3	7	8
5	7	9	8	3	6	2	1	4
7	3	8	4	6	2	1	5	9
4	6	2	5	9	1	8	3	7
9	1	5	3	7	8	4	2	6

#50

5	3	1	7	4	6	2	9	8
6	8	4	1	2	9	7	5	3
9	7	2	8	5	3	6	4	1
2	6	9	3	7	5	1	8	4
8	5	7	9	1	4	3	2	6
4	1	3	2	6	8	9	7	5
7	2	8	4	3	1	5	6	9
3	4	5	6	9	2	8	1	7
1	9	6	5	8	7	4	3	2

#51

8	3	9	4	1	5	2	7	6
7	5	2	6	8	9	3	4	1
4	1	6	2	3	7	8	9	5
2	4	7	5	6	1	9	8	3
5	8	3	9	4	2	6	1	7
6	9	1	3	7	8	5	2	4
3	6	8	7	9	4	1	5	2
1	7	5	8	2	3	4	6	9
9	2	4	1	5	6	7	3	8

#52

6	1	5	4	8	9	2	3	7
3	8	4	7	2	1	5	6	9
7	9	2	3	6	5	8	1	4
2	4	3	8	9	7	6	5	1
1	5	9	6	4	2	3	7	8
8	7	6	1	5	3	4	9	2
9	3	8	2	1	6	7	4	5
5	2	7	9	3	4	1	8	6
4	6	1	5	7	8	9	2	3

#53

2	5	3	4	6	9	7	8	1
7	4	1	2	3	8	5	6	9
8	9	6	5	7	1	2	4	3
1	6	8	3	4	2	9	5	7
9	7	2	8	5	6	3	1	4
4	3	5	1	9	7	8	2	6
5	2	4	9	1	3	6	7	8
3	8	7	6	2	4	1	9	5
6	1	9	7	8	5	4	3	2

#54

8	3	5	7	6	1	9	4	2
7	4	2	9	8	5	3	6	1
1	6	9	2	3	4	7	8	5
5	1	4	8	7	9	2	3	6
2	7	8	6	1	3	4	5	9
6	9	3	4	5	2	8	1	7
4	8	1	5	9	7	6	2	3
9	5	6	3	2	8	1	7	4
3	2	7	1	4	6	5	9	8

#55

7	2	8	6	1	5	9	3	4
9	3	5	4	7	2	8	1	6
1	6	4	9	8	3	5	7	2
6	5	1	2	4	9	3	8	7
3	9	7	1	6	8	2	4	5
4	8	2	3	5	7	1	6	9
2	4	3	8	9	6	7	5	1
5	1	9	7	3	4	6	2	8
8	7	6	5	2	1	4	9	3

#56

7	1	9	5	4	8	6	2	3
6	2	8	7	3	9	5	4	1
3	4	5	2	6	1	9	8	7
8	5	7	6	1	3	4	9	2
2	9	4	8	7	5	1	3	6
1	6	3	9	2	4	7	5	8
9	3	6	4	8	7	2	1	5
5	8	2	1	9	6	3	7	4
4	7	1	3	5	2	8	6	9

#57

4	2	3	7	8	6	5	9	1
7	6	1	5	9	3	8	4	2
8	9	5	4	1	2	6	7	3
5	8	4	6	3	1	7	2	9
2	1	6	9	7	4	3	8	5
3	7	9	8	2	5	4	1	6
1	4	7	3	6	9	2	5	8
9	3	8	2	5	7	1	6	4
6	5	2	1	4	8	9	3	7

#58

4	1	2	5	3	6	9	7	8
9	5	6	4	8	7	1	3	2
8	7	3	2	1	9	5	6	4
1	2	5	3	9	4	7	8	6
3	8	4	6	7	1	2	9	5
6	9	7	8	2	5	3	4	1
2	4	8	9	5	3	6	1	7
7	6	9	1	4	2	8	5	3
5	3	1	7	6	8	4	2	9

#59

7	9	3	1	6	2	8	5	4
6	1	5	8	4	3	7	2	9
2	8	4	7	9	5	6	1	3
8	2	7	9	1	4	3	6	5
4	3	1	6	5	8	9	7	2
9	5	6	2	3	7	1	4	8
3	7	2	4	8	6	5	9	1
5	6	9	3	2	1	4	8	7
1	4	8	5	7	9	2	3	6

#60

9	7	2	5	3	4	8	1	6
6	4	1	9	2	8	3	5	7
8	5	3	6	7	1	4	9	2
1	8	9	2	5	3	7	6	4
2	3	4	7	1	6	9	8	5
5	6	7	8	4	9	1	2	3
4	1	6	3	8	2	5	7	9
3	9	5	1	6	7	2	4	8
7	2	8	4	9	5	6	3	1

#61

5	1	4	7	3	2	9	6	8
7	6	2	9	5	8	1	4	3
9	8	3	4	1	6	7	2	5
8	5	7	1	2	3	6	9	4
4	3	1	8	6	9	5	7	2
6	2	9	5	7	4	3	8	1
2	7	6	3	4	5	8	1	9
3	4	8	6	9	1	2	5	7
1	9	5	2	8	7	4	3	6

#62

7	2	5	1	8	9	3	6	4
6	3	1	4	2	5	9	7	8
4	8	9	6	7	3	2	1	5
1	6	3	5	9	4	7	8	2
2	9	7	8	1	6	4	5	3
5	4	8	7	3	2	6	9	1
9	7	2	3	5	1	8	4	6
8	1	4	2	6	7	5	3	9
3	5	6	9	4	8	1	2	7

#63

2	1	3	8	7	9	6	4	5
7	8	5	4	6	2	3	9	1
6	9	4	3	1	5	2	8	7
3	6	2	9	5	1	4	7	8
5	7	9	6	8	4	1	3	2
8	4	1	7	2	3	5	6	9
4	5	8	1	9	6	7	2	3
9	2	6	5	3	7	8	1	4
1	3	7	2	4	8	9	5	6

#64

5	8	7	1	2	4	9	6	3
1	9	2	6	3	5	8	4	7
3	4	6	9	8	7	2	5	1
8	7	3	5	6	2	1	9	4
2	5	9	4	1	3	6	7	8
4	6	1	7	9	8	5	3	2
7	2	4	8	5	6	3	1	9
9	3	5	2	7	1	4	8	6
6	1	8	3	4	9	7	2	5

#65

2	4	6	8	1	3	9	7	5
5	9	7	4	2	6	1	8	3
1	3	8	5	9	7	2	4	6
9	2	5	6	7	1	4	3	8
4	7	1	3	8	9	5	6	2
6	8	3	2	5	4	7	9	1
7	6	2	9	3	5	8	1	4
8	1	4	7	6	2	3	5	9
3	5	9	1	4	8	6	2	7

#66

1	4	6	5	8	3	2	7	9
5	9	7	6	4	2	3	8	1
8	2	3	1	7	9	4	5	6
9	6	5	7	3	8	1	4	2
2	7	4	9	1	5	6	3	8
3	8	1	2	6	4	7	9	5
7	3	2	8	9	1	5	6	4
4	5	8	3	2	6	9	1	7
6	1	9	4	5	7	8	2	3

#67

4	6	1	8	9	2	5	3	7
2	5	9	7	3	1	6	4	8
7	3	8	5	6	4	2	9	1
8	2	5	4	1	3	9	7	6
3	1	7	9	8	6	4	5	2
6	9	4	2	5	7	8	1	3
5	7	6	1	4	8	3	2	9
1	4	3	6	2	9	7	8	5
9	8	2	3	7	5	1	6	4

#68

7	4	3	5	8	6	1	2	9
6	1	8	7	2	9	5	3	4
5	2	9	1	4	3	7	8	6
2	5	4	9	3	8	6	7	1
1	9	7	6	5	2	3	4	8
3	8	6	4	1	7	2	9	5
8	6	1	3	7	4	9	5	2
9	3	2	8	6	5	4	1	7
4	7	5	2	9	1	8	6	3

#69

3	9	8	1	7	4	5	2	6
1	2	4	6	3	5	7	8	9
7	5	6	2	8	9	4	1	3
2	1	5	3	9	7	8	6	4
8	3	9	4	2	6	1	7	5
6	4	7	5	1	8	9	3	2
5	6	3	7	4	1	2	9	8
4	8	1	9	6	2	3	5	7
9	7	2	8	5	3	6	4	1

#70

4	1	3	6	8	2	9	7	5
8	2	5	1	7	9	4	6	3
6	9	7	4	3	5	1	2	8
1	6	8	5	9	7	3	4	2
2	7	4	3	6	1	5	8	9
3	5	9	8	2	4	6	1	7
5	8	6	2	1	3	7	9	4
9	4	2	7	5	6	8	3	1
7	3	1	9	4	8	2	5	6

#71

2	1	8	3	4	5	6	7	9
5	7	3	9	6	1	4	2	8
6	4	9	7	8	2	5	3	1
4	9	6	2	3	8	1	5	7
3	5	7	4	1	9	8	6	2
8	2	1	6	5	7	3	9	4
1	3	2	5	7	4	9	8	6
9	8	5	1	2	6	7	4	3
7	6	4	8	9	3	2	1	5

#72

4	9	3	1	8	5	7	2	6
8	1	7	6	9	2	3	5	4
6	5	2	7	4	3	8	1	9
9	2	6	8	5	7	4	3	1
1	7	4	9	3	6	2	8	5
5	3	8	2	1	4	6	9	7
2	4	1	5	6	8	9	7	3
3	8	5	4	7	9	1	6	2
7	6	9	3	2	1	5	4	8

#73

4	5	3	7	6	2	9	1	8
2	6	1	8	3	9	4	7	5
7	8	9	1	5	4	6	2	3
9	3	6	2	8	1	5	4	7
8	2	4	9	7	5	1	3	6
5	1	7	3	4	6	2	8	9
3	4	2	6	9	7	8	5	1
1	9	8	5	2	3	7	6	4
6	7	5	4	1	8	3	9	2

#74

7	3	6	1	4	8	9	2	5
9	8	5	2	6	7	1	3	4
4	1	2	9	5	3	8	7	6
3	7	9	5	1	2	4	6	8
1	6	8	4	3	9	7	5	2
5	2	4	7	8	6	3	9	1
8	5	7	6	9	1	2	4	3
2	4	1	3	7	5	6	8	9
6	9	3	8	2	4	5	1	7

#75

2	8	5	1	6	7	9	3	4
1	3	4	9	2	5	8	7	6
7	9	6	8	3	4	5	2	1
3	7	1	5	4	9	2	6	8
8	4	2	3	1	6	7	5	9
5	6	9	2	7	8	1	4	3
4	5	3	7	8	1	6	9	2
6	1	7	4	9	2	3	8	5
9	2	8	6	5	3	4	1	7

#76

7	5	8	6	2	3	1	9	4
2	9	3	4	7	1	5	6	8
1	6	4	8	5	9	7	3	2
5	1	7	2	9	4	3	8	6
8	4	9	5	3	6	2	1	7
3	2	6	7	1	8	4	5	9
4	3	1	9	8	7	6	2	5
6	8	2	1	4	5	9	7	3
9	7	5	3	6	2	8	4	1

#77

3	6	5	1	8	7	9	2	4
7	8	4	9	2	6	1	5	3
2	9	1	5	4	3	6	7	8
1	2	7	8	9	5	3	4	6
9	4	6	7	3	1	2	8	5
5	3	8	2	6	4	7	1	9
6	5	2	3	7	8	4	9	1
8	7	3	4	1	9	5	6	2
4	1	9	6	5	2	8	3	7

#78

3	2	1	4	6	9	8	7	5
5	6	4	7	8	1	3	2	9
8	9	7	2	3	5	4	1	6
7	4	8	1	2	6	5	9	3
6	1	2	9	5	3	7	4	8
9	5	3	8	7	4	2	6	1
4	3	6	5	9	2	1	8	7
1	7	9	3	4	8	6	5	2
2	8	5	6	1	7	9	3	4

#79

3	2	1	4	5	6	8	7	9
4	8	5	3	7	9	2	1	6
7	9	6	8	1	2	3	5	4
6	1	3	7	8	5	4	9	2
5	4	9	2	6	1	7	8	3
2	7	8	9	4	3	5	6	1
8	6	7	1	2	4	9	3	5
1	3	4	5	9	7	6	2	8
9	5	2	6	3	8	1	4	7

#80

9	3	1	4	6	2	8	7	5
7	8	6	3	5	9	1	2	4
2	4	5	1	8	7	3	9	6
3	2	4	6	9	1	5	8	7
8	6	7	5	2	4	9	3	1
1	5	9	8	7	3	6	4	2
6	1	2	7	3	8	4	5	9
5	9	3	2	4	6	7	1	8
4	7	8	9	1	5	2	6	3

#81

9	3	8	4	5	6	1	2	7
2	5	4	7	3	1	6	8	9
7	6	1	2	8	9	3	5	4
8	2	9	1	6	4	7	3	5
4	7	5	8	2	3	9	1	6
3	1	6	9	7	5	2	4	8
5	4	2	3	9	7	8	6	1
1	8	7	6	4	2	5	9	3
6	9	3	5	1	8	4	7	2

#82

2	5	7	1	8	3	4	6	9
6	8	3	5	4	9	2	1	7
4	9	1	7	2	6	8	5	3
7	3	9	8	1	5	6	4	2
1	6	5	4	9	2	7	3	8
8	4	2	3	6	7	1	9	5
3	1	8	9	7	4	5	2	6
5	7	6	2	3	1	9	8	4
9	2	4	6	5	8	3	7	1

#83

1	8	6	4	9	7	2	3	5
9	5	3	1	6	2	8	4	7
2	4	7	5	3	8	9	1	6
4	7	9	8	2	1	5	6	3
3	2	5	7	4	6	1	9	8
6	1	8	3	5	9	4	7	2
5	6	2	9	1	3	7	8	4
8	9	4	6	7	5	3	2	1
7	3	1	2	8	4	6	5	9

#84

7	6	8	4	3	5	9	1	2
3	9	1	2	7	6	8	5	4
2	4	5	9	8	1	7	6	3
4	5	6	1	9	8	2	3	7
1	3	2	5	4	7	6	9	8
8	7	9	6	2	3	1	4	5
9	8	4	3	1	2	5	7	6
6	1	7	8	5	4	3	2	9
5	2	3	7	6	9	4	8	1

#85

9	7	3	1	2	5	4	8	6
6	4	2	8	3	9	5	1	7
5	1	8	4	7	6	2	9	3
7	8	5	6	4	2	9	3	1
3	6	4	9	1	7	8	5	2
2	9	1	5	8	3	7	6	4
8	3	6	2	9	4	1	7	5
1	2	7	3	5	8	6	4	9
4	5	9	7	6	1	3	2	8

#86

8	6	5	2	4	3	1	9	7
1	3	4	9	5	7	6	2	8
7	2	9	6	8	1	5	4	3
9	7	2	3	6	5	4	8	1
5	4	6	8	1	9	3	7	2
3	8	1	4	7	2	9	5	6
2	1	3	5	9	8	7	6	4
6	9	7	1	2	4	8	3	5
4	5	8	7	3	6	2	1	9

#87

1	3	7	4	8	6	9	5	2
8	2	6	1	9	5	7	4	3
9	4	5	2	3	7	6	8	1
6	9	1	8	5	3	4	2	7
2	8	4	7	6	1	5	3	9
7	5	3	9	2	4	8	1	6
4	7	2	6	1	8	3	9	5
5	1	8	3	7	9	2	6	4
3	6	9	5	4	2	1	7	8

#88

5	9	7	4	6	2	1	3	8
4	3	1	5	7	8	2	6	9
2	8	6	9	3	1	5	4	7
3	2	8	1	5	4	7	9	6
6	4	5	7	9	3	8	2	1
7	1	9	8	2	6	4	5	3
8	6	3	2	4	7	9	1	5
1	5	2	6	8	9	3	7	4
9	7	4	3	1	5	6	8	2

#89

4	9	6	3	5	1	2	8	7
1	3	8	4	2	7	9	5	6
7	5	2	8	9	6	3	1	4
8	7	9	2	4	5	6	3	1
5	6	4	9	1	3	7	2	8
3	2	1	7	6	8	5	4	9
2	1	3	6	7	4	8	9	5
6	8	5	1	3	9	4	7	2
9	4	7	5	8	2	1	6	3

#90

5	3	7	9	1	6	4	8	2
1	8	6	4	5	2	7	3	9
2	9	4	8	7	3	6	5	1
8	5	1	3	6	4	9	2	7
4	6	9	5	2	7	3	1	8
7	2	3	1	9	8	5	6	4
6	7	8	2	4	5	1	9	3
3	1	5	7	8	9	2	4	6
9	4	2	6	3	1	8	7	5

#91

8	2	1	4	9	7	3	5	6
9	6	5	2	1	3	7	8	4
4	3	7	6	8	5	9	2	1
2	8	9	7	4	6	1	3	5
6	1	3	9	5	8	2	4	7
7	5	4	1	3	2	8	6	9
3	4	8	5	7	1	6	9	2
1	9	2	3	6	4	5	7	8
5	7	6	8	2	9	4	1	3

#92

6	2	9	4	3	1	7	8	5
1	8	4	7	2	5	3	9	6
5	7	3	8	6	9	2	1	4
2	9	6	3	1	8	5	4	7
3	4	1	6	5	7	8	2	9
8	5	7	9	4	2	6	3	1
4	1	8	2	7	6	9	5	3
9	6	5	1	8	3	4	7	2
7	3	2	5	9	4	1	6	8

#93

6	7	5	9	2	1	8	3	4
3	1	2	4	8	6	7	5	9
9	4	8	7	5	3	6	1	2
7	2	9	3	4	8	5	6	1
5	8	4	1	6	7	2	9	3
1	6	3	2	9	5	4	7	8
2	3	1	6	7	4	9	8	5
8	9	7	5	1	2	3	4	6
4	5	6	8	3	9	1	2	7

#94

7	9	1	6	4	5	2	8	3
8	6	2	1	9	3	4	5	7
4	5	3	7	2	8	9	6	1
3	7	6	8	1	9	5	2	4
9	2	4	5	3	6	1	7	8
5	1	8	4	7	2	6	3	9
6	4	7	3	5	1	8	9	2
1	8	9	2	6	7	3	4	5
2	3	5	9	8	4	7	1	6

#95

3	2	6	1	4	8	9	5	7
5	4	9	6	3	7	8	2	1
1	8	7	5	2	9	3	6	4
7	9	4	3	8	5	2	1	6
2	1	8	7	6	4	5	3	9
6	3	5	9	1	2	4	7	8
9	5	2	4	7	1	6	8	3
8	6	1	2	9	3	7	4	5
4	7	3	8	5	6	1	9	2

#96

7	3	2	4	5	9	1	6	8
9	8	5	6	7	1	2	4	3
1	4	6	3	2	8	9	7	5
8	9	4	2	6	5	3	1	7
2	7	3	8	1	4	6	5	9
6	5	1	7	9	3	4	8	2
4	1	7	5	3	2	8	9	6
5	2	8	9	4	6	7	3	1
3	6	9	1	8	7	5	2	4

#97

2	5	8	7	9	1	3	4	6
7	1	6	2	4	3	5	8	9
4	3	9	5	6	8	1	7	2
8	9	5	3	2	6	4	1	7
6	2	4	8	1	7	9	3	5
3	7	1	4	5	9	2	6	8
9	4	7	1	8	2	6	5	3
1	8	2	6	3	5	7	9	4
5	6	3	9	7	4	8	2	1

#98

1	9	4	2	8	3	6	7	5
6	2	7	5	4	9	3	1	8
3	8	5	1	6	7	9	4	2
9	7	6	3	5	4	2	8	1
4	3	1	9	2	8	5	6	7
8	5	2	7	1	6	4	3	9
5	1	3	4	7	2	8	9	6
7	4	8	6	9	5	1	2	3
2	6	9	8	3	1	7	5	4

#99

9	5	4	2	7	1	8	6	3
8	7	6	3	5	9	4	1	2
2	3	1	6	8	4	7	9	5
5	6	8	4	9	7	3	2	1
3	4	9	5	1	2	6	7	8
7	1	2	8	6	3	9	5	4
6	2	7	1	3	8	5	4	9
1	9	3	7	4	5	2	8	6
4	8	5	9	2	6	1	3	7

#100

2	5	7	8	9	6	3	4	1
1	3	9	2	7	4	8	6	5
4	8	6	1	5	3	2	9	7
7	6	5	3	2	9	1	8	4
8	9	1	6	4	7	5	3	2
3	4	2	5	1	8	6	7	9
6	1	4	9	3	2	7	5	8
5	7	3	4	8	1	9	2	6
9	2	8	7	6	5	4	1	3

#101

8	4	1	2	5	9	3	7	6
5	9	7	1	6	3	2	8	4
3	2	6	4	8	7	5	9	1
6	3	8	9	2	4	1	5	7
4	7	2	5	1	6	9	3	8
9	1	5	3	7	8	6	4	2
7	8	9	6	3	2	4	1	5
2	5	4	8	9	1	7	6	3
1	6	3	7	4	5	8	2	9

#102

9	2	7	6	5	8	3	4	1
3	6	8	1	9	4	2	7	5
5	1	4	3	2	7	6	9	8
4	5	9	2	6	1	7	8	3
2	7	1	5	8	3	9	6	4
6	8	3	4	7	9	5	1	2
7	9	2	8	1	5	4	3	6
8	3	5	9	4	6	1	2	7
1	4	6	7	3	2	8	5	9

#103

8	5	1	9	4	2	6	7	3
4	9	6	1	7	3	8	5	2
2	3	7	6	5	8	4	1	9
9	4	8	7	3	1	5	2	6
1	6	5	8	2	9	3	4	7
3	7	2	4	6	5	9	8	1
5	1	4	2	9	6	7	3	8
7	8	9	3	1	4	2	6	5
6	2	3	5	8	7	1	9	4

#104

9	4	6	3	1	8	2	7	5
7	1	2	4	9	5	3	8	6
8	3	5	6	7	2	4	9	1
4	7	8	5	6	9	1	2	3
1	5	9	7	2	3	8	6	4
6	2	3	1	8	4	7	5	9
5	8	1	2	3	6	9	4	7
3	9	4	8	5	7	6	1	2
2	6	7	9	4	1	5	3	8

#105

1	8	3	2	6	4	5	9	7
5	9	4	1	7	8	2	6	3
7	2	6	3	5	9	1	8	4
2	5	1	4	3	6	9	7	8
9	4	7	5	8	1	6	3	2
3	6	8	7	9	2	4	1	5
8	1	2	6	4	3	7	5	9
4	3	5	9	1	7	8	2	6
6	7	9	8	2	5	3	4	1

#106

4	1	6	7	3	5	2	8	9
9	8	7	1	4	2	3	6	5
5	2	3	9	6	8	4	7	1
2	3	9	5	7	6	1	4	8
1	7	4	8	2	3	5	9	6
8	6	5	4	1	9	7	2	3
6	4	1	3	8	7	9	5	2
7	5	8	2	9	1	6	3	4
3	9	2	6	5	4	8	1	7

#107

5	4	9	6	7	2	3	8	1
3	7	1	8	4	9	6	5	2
2	8	6	1	5	3	7	4	9
4	2	8	7	6	1	9	3	5
1	3	7	5	9	8	4	2	6
6	9	5	2	3	4	8	1	7
9	1	2	3	8	6	5	7	4
8	5	4	9	1	7	2	6	3
7	6	3	4	2	5	1	9	8

#108

3	9	6	5	7	1	4	2	8
5	2	7	4	8	6	3	1	9
1	4	8	3	2	9	6	5	7
9	3	1	8	5	2	7	6	4
4	6	5	7	9	3	2	8	1
8	7	2	6	1	4	9	3	5
6	5	3	9	4	8	1	7	2
2	8	9	1	6	7	5	4	3
7	1	4	2	3	5	8	9	6

#109

7	9	8	4	5	3	1	6	2
6	4	1	2	7	9	8	5	3
2	3	5	1	8	6	7	9	4
1	8	3	9	4	2	6	7	5
9	7	6	8	3	5	4	2	1
4	5	2	7	6	1	3	8	9
5	6	7	3	9	4	2	1	8
8	1	4	5	2	7	9	3	6
3	2	9	6	1	8	5	4	7

#110

2	7	3	8	1	5	9	6	4
1	4	6	3	7	9	2	8	5
5	8	9	4	6	2	7	3	1
8	2	4	5	9	3	6	1	7
9	5	7	1	8	6	4	2	3
6	3	1	2	4	7	5	9	8
4	1	2	6	5	8	3	7	9
7	6	5	9	3	1	8	4	2
3	9	8	7	2	4	1	5	6

#111

4	7	8	3	2	6	1	5	9
1	2	3	4	9	5	8	7	6
9	5	6	1	7	8	4	2	3
8	4	5	2	6	7	9	3	1
3	1	2	8	4	9	7	6	5
7	6	9	5	1	3	2	4	8
2	9	4	6	5	1	3	8	7
5	3	1	7	8	4	6	9	2
6	8	7	9	3	2	5	1	4

#112

6	4	7	8	5	2	9	1	3
2	5	9	4	1	3	6	8	7
8	1	3	7	6	9	4	2	5
3	9	4	2	8	6	5	7	1
1	8	5	3	7	4	2	9	6
7	2	6	5	9	1	3	4	8
5	7	2	9	3	8	1	6	4
4	3	1	6	2	7	8	5	9
9	6	8	1	4	5	7	3	2

#113

3	1	5	4	6	9	8	2	7
9	4	7	2	8	5	6	1	3
6	2	8	1	7	3	9	5	4
5	7	2	8	4	1	3	9	6
1	3	6	9	2	7	5	4	8
8	9	4	5	3	6	1	7	2
7	8	9	3	1	2	4	6	5
4	6	1	7	5	8	2	3	9
2	5	3	6	9	4	7	8	1

#114

5	8	9	7	3	2	4	1	6
4	6	3	5	1	9	2	7	8
7	2	1	8	4	6	3	9	5
9	4	5	2	8	3	7	6	1
2	1	7	4	6	5	8	3	9
8	3	6	1	9	7	5	2	4
3	9	8	6	7	4	1	5	2
6	5	4	3	2	1	9	8	7
1	7	2	9	5	8	6	4	3

#115

8	6	5	2	4	9	3	1	7
7	2	4	5	3	1	8	9	6
9	1	3	8	6	7	5	2	4
2	5	8	9	7	4	6	3	1
1	7	9	3	5	6	2	4	8
4	3	6	1	2	8	9	7	5
3	4	1	6	8	2	7	5	9
6	9	2	7	1	5	4	8	3
5	8	7	4	9	3	1	6	2

#116

1	6	2	4	7	9	3	8	5
8	4	9	6	5	3	7	1	2
5	7	3	2	1	8	6	9	4
4	5	1	3	6	7	8	2	9
2	3	8	1	9	4	5	6	7
7	9	6	5	8	2	4	3	1
3	2	5	9	4	6	1	7	8
6	1	7	8	2	5	9	4	3
9	8	4	7	3	1	2	5	6

#117

7	1	9	2	6	4	5	8	3
8	2	3	5	9	7	1	6	4
4	6	5	8	3	1	9	2	7
9	7	2	3	1	8	6	4	5
1	5	6	9	4	2	3	7	8
3	4	8	6	7	5	2	1	9
6	9	4	7	2	3	8	5	1
2	8	1	4	5	9	7	3	6
5	3	7	1	8	6	4	9	2

#118

4	6	5	2	8	3	1	7	9
2	1	3	5	9	7	8	6	4
8	7	9	6	1	4	2	3	5
9	2	6	1	5	8	3	4	7
1	8	4	7	3	6	9	5	2
5	3	7	4	2	9	6	1	8
7	4	1	9	6	2	5	8	3
3	5	2	8	4	1	7	9	6
6	9	8	3	7	5	4	2	1

#119

5	4	8	7	9	3	6	1	2
9	7	6	8	1	2	4	5	3
3	2	1	5	6	4	7	8	9
1	5	3	9	8	6	2	7	4
8	9	2	3	4	7	1	6	5
4	6	7	1	2	5	3	9	8
2	8	9	4	7	1	5	3	6
7	3	4	6	5	8	9	2	1
6	1	5	2	3	9	8	4	7

#120

6	3	9	8	1	4	7	5	2
1	8	2	5	7	9	4	6	3
7	4	5	2	3	6	1	8	9
4	1	6	9	5	8	2	3	7
9	5	3	4	2	7	6	1	8
8	2	7	1	6	3	9	4	5
2	9	8	6	4	5	3	7	1
3	6	1	7	8	2	5	9	4
5	7	4	3	9	1	8	2	6

#121

3	8	5	6	1	9	4	2	7
9	1	6	7	4	2	8	3	5
7	4	2	5	3	8	1	9	6
6	7	9	4	8	5	3	1	2
8	3	1	9	2	6	7	5	4
5	2	4	3	7	1	6	8	9
4	9	3	8	5	7	2	6	1
2	6	8	1	9	4	5	7	3
1	5	7	2	6	3	9	4	8

#122

9	3	6	4	1	7	8	5	2
1	4	8	2	3	5	7	6	9
2	5	7	8	9	6	4	3	1
3	9	2	5	8	1	6	4	7
4	7	1	9	6	3	2	8	5
8	6	5	7	2	4	9	1	3
6	8	3	1	7	9	5	2	4
5	2	9	3	4	8	1	7	6
7	1	4	6	5	2	3	9	8

#123

2	4	1	6	9	5	3	8	7
8	7	9	3	1	2	6	5	4
5	3	6	8	7	4	2	1	9
4	6	7	5	8	3	1	9	2
9	5	8	1	2	7	4	3	6
3	1	2	9	4	6	8	7	5
6	9	5	4	3	8	7	2	1
1	2	3	7	6	9	5	4	8
7	8	4	2	5	1	9	6	3

#124

5	6	9	2	7	4	8	1	3
7	2	8	1	6	3	5	9	4
1	4	3	8	5	9	6	7	2
6	7	1	9	2	5	3	4	8
4	9	2	3	8	6	1	5	7
8	3	5	4	1	7	2	6	9
9	1	6	7	3	2	4	8	5
3	8	4	5	9	1	7	2	6
2	5	7	6	4	8	9	3	1

#125

1	3	6	5	7	9	8	2	4
4	8	7	6	2	1	3	9	5
2	9	5	4	8	3	1	6	7
3	4	9	1	5	2	6	7	8
7	1	8	9	3	6	4	5	2
5	6	2	7	4	8	9	3	1
6	7	1	2	9	4	5	8	3
8	5	4	3	6	7	2	1	9
9	2	3	8	1	5	7	4	6

#126

7	4	3	1	6	2	5	9	8
2	1	5	7	9	8	3	6	4
9	6	8	3	5	4	1	2	7
5	7	4	2	1	6	9	8	3
8	3	1	9	4	7	6	5	2
6	2	9	5	8	3	7	4	1
1	9	2	4	3	5	8	7	6
4	5	6	8	7	1	2	3	9
3	8	7	6	2	9	4	1	5

#127

7	2	4	9	5	8	6	1	3
6	8	1	2	3	7	5	4	9
9	3	5	4	6	1	7	2	8
2	9	6	5	8	4	3	7	1
8	1	3	7	9	2	4	6	5
5	4	7	6	1	3	9	8	2
1	6	2	3	7	5	8	9	4
3	7	8	1	4	9	2	5	6
4	5	9	8	2	6	1	3	7

#128

1	4	5	9	8	3	6	7	2
9	2	6	4	5	7	1	3	8
7	8	3	2	6	1	5	4	9
6	7	1	3	9	5	8	2	4
4	3	2	8	7	6	9	1	5
5	9	8	1	2	4	7	6	3
3	6	7	5	4	9	2	8	1
2	1	9	6	3	8	4	5	7
8	5	4	7	1	2	3	9	6

#129

4	8	2	7	3	5	9	1	6
3	9	5	8	6	1	4	7	2
7	1	6	4	2	9	5	8	3
5	3	9	2	4	8	7	6	1
8	2	7	5	1	6	3	9	4
1	6	4	9	7	3	2	5	8
2	4	1	6	5	7	8	3	9
6	7	8	3	9	2	1	4	5
9	5	3	1	8	4	6	2	7

#130

6	9	4	2	5	7	8	1	3
5	8	2	1	3	9	7	6	4
1	3	7	4	8	6	2	5	9
9	1	3	6	4	8	5	7	2
4	7	6	3	2	5	9	8	1
8	2	5	9	7	1	3	4	6
3	4	8	7	6	2	1	9	5
2	5	9	8	1	4	6	3	7
7	6	1	5	9	3	4	2	8

#131

8	9	7	3	5	2	6	1	4
5	1	4	6	9	8	3	2	7
6	2	3	7	1	4	8	9	5
1	5	8	2	7	6	9	4	3
9	3	6	5	4	1	7	8	2
4	7	2	9	8	3	1	5	6
7	8	1	4	3	5	2	6	9
2	4	9	8	6	7	5	3	1
3	6	5	1	2	9	4	7	8

#132

7	1	4	3	9	2	5	8	6
5	8	3	1	7	6	4	2	9
6	2	9	8	4	5	3	7	1
9	6	5	2	1	4	7	3	8
4	7	8	9	6	3	1	5	2
2	3	1	7	5	8	9	6	4
1	9	2	6	3	7	8	4	5
3	5	6	4	8	1	2	9	7
8	4	7	5	2	9	6	1	3

#133

4	7	5	2	8	3	6	9	1
9	2	1	6	4	7	8	5	3
8	3	6	5	1	9	7	4	2
5	4	8	3	9	2	1	7	6
2	6	3	1	7	5	4	8	9
7	1	9	4	6	8	3	2	5
6	5	2	7	3	4	9	1	8
1	9	7	8	5	6	2	3	4
3	8	4	9	2	1	5	6	7

#134

8	5	9	6	7	4	2	3	1
4	2	3	8	1	5	7	9	6
1	6	7	2	9	3	8	4	5
5	1	4	7	8	2	9	6	3
9	3	8	1	5	6	4	2	7
6	7	2	4	3	9	5	1	8
2	4	5	3	6	8	1	7	9
7	9	6	5	2	1	3	8	4
3	8	1	9	4	7	6	5	2

#135

1	7	6	4	9	3	5	2	8
2	8	9	5	6	1	4	3	7
5	4	3	2	8	7	1	6	9
3	9	8	6	2	4	7	5	1
6	5	2	1	7	9	3	8	4
7	1	4	8	3	5	2	9	6
4	3	7	9	5	6	8	1	2
9	2	1	3	4	8	6	7	5
8	6	5	7	1	2	9	4	3

#136

9	8	4	1	6	2	7	3	5
7	2	3	5	8	9	6	4	1
6	1	5	3	7	4	2	8	9
3	9	2	7	1	8	4	5	6
5	7	1	6	4	3	8	9	2
4	6	8	2	9	5	3	1	7
8	4	7	9	2	1	5	6	3
1	5	6	8	3	7	9	2	4
2	3	9	4	5	6	1	7	8

#137

8	6	4	9	2	3	7	5	1
3	1	7	6	8	5	9	4	2
9	2	5	1	7	4	3	6	8
1	3	6	2	9	7	5	8	4
5	7	8	3	4	6	1	2	9
4	9	2	5	1	8	6	7	3
6	4	3	8	5	1	2	9	7
7	5	9	4	3	2	8	1	6
2	8	1	7	6	9	4	3	5

#138

6	3	1	4	7	9	5	2	8
8	9	2	6	5	1	3	4	7
4	7	5	8	2	3	6	1	9
2	8	7	9	4	6	1	5	3
5	1	6	2	3	8	9	7	4
9	4	3	7	1	5	8	6	2
7	5	8	1	9	2	4	3	6
3	2	9	5	6	4	7	8	1
1	6	4	3	8	7	2	9	5

#139

4	1	7	8	2	9	5	6	3
5	3	9	4	1	6	8	2	7
8	2	6	3	7	5	1	4	9
7	9	1	2	6	8	4	3	5
3	5	2	9	4	7	6	8	1
6	8	4	5	3	1	9	7	2
9	6	5	7	8	3	2	1	4
2	7	8	1	9	4	3	5	6
1	4	3	6	5	2	7	9	8

#140

6	5	7	1	3	9	2	4	8
8	3	9	4	2	7	6	1	5
1	4	2	6	8	5	9	3	7
5	8	3	2	7	1	4	9	6
9	7	1	5	4	6	3	8	2
4	2	6	8	9	3	5	7	1
3	9	5	7	6	8	1	2	4
2	1	8	9	5	4	7	6	3
7	6	4	3	1	2	8	5	9

#141

6	2	3	9	7	8	1	5	4
9	8	1	4	5	3	2	6	7
7	5	4	1	6	2	9	8	3
2	3	9	7	4	6	5	1	8
5	7	8	3	9	1	4	2	6
4	1	6	2	8	5	7	3	9
8	4	2	6	1	7	3	9	5
1	6	7	5	3	9	8	4	2
3	9	5	8	2	4	6	7	1

#142

9	5	1	3	7	8	6	2	4
3	6	2	1	4	9	5	8	7
7	8	4	5	2	6	9	1	3
8	9	3	7	6	2	4	5	1
1	4	6	8	3	5	7	9	2
2	7	5	9	1	4	8	3	6
4	1	9	6	5	3	2	7	8
6	3	8	2	9	7	1	4	5
5	2	7	4	8	1	3	6	9

#143

8	2	7	5	4	1	9	6	3
1	5	9	6	3	2	8	7	4
6	3	4	8	7	9	2	5	1
4	8	5	9	6	3	7	1	2
3	7	1	4	2	8	5	9	6
2	9	6	7	1	5	4	3	8
5	6	3	2	8	7	1	4	9
7	4	8	1	9	6	3	2	5
9	1	2	3	5	4	6	8	7

#144

3	6	7	5	8	2	1	9	4
1	9	2	7	6	4	3	8	5
8	4	5	9	3	1	2	6	7
5	8	6	1	9	7	4	2	3
7	2	4	6	5	3	9	1	8
9	3	1	4	2	8	5	7	6
4	1	8	3	7	9	6	5	2
2	5	3	8	1	6	7	4	9
6	7	9	2	4	5	8	3	1

#145

7	9	3	1	8	6	2	4	5
2	4	6	9	5	7	3	1	8
5	1	8	3	4	2	6	9	7
1	3	5	4	6	9	8	7	2
4	6	7	8	2	5	1	3	9
9	8	2	7	3	1	4	5	6
8	7	4	2	9	3	5	6	1
6	2	9	5	1	4	7	8	3
3	5	1	6	7	8	9	2	4

#146

6	2	5	1	8	3	9	7	4
4	7	8	9	2	5	3	1	6
1	3	9	7	6	4	8	2	5
9	4	1	5	7	8	6	3	2
7	5	2	6	3	9	1	4	8
3	8	6	4	1	2	7	5	9
2	1	4	3	9	6	5	8	7
5	9	3	8	4	7	2	6	1
8	6	7	2	5	1	4	9	3

#147

3	5	7	6	2	9	1	4	8
2	8	9	4	3	1	5	7	6
1	4	6	7	5	8	2	3	9
6	3	2	5	8	7	4	9	1
5	9	8	1	4	6	3	2	7
4	7	1	2	9	3	6	8	5
8	6	5	3	7	4	9	1	2
7	1	3	9	6	2	8	5	4
9	2	4	8	1	5	7	6	3

#148

9	2	4	7	1	3	8	6	5
8	1	6	4	5	2	3	9	7
7	3	5	9	6	8	4	1	2
2	6	3	5	8	4	9	7	1
1	8	9	6	3	7	2	5	4
4	5	7	1	2	9	6	8	3
6	4	2	8	7	5	1	3	9
3	7	1	2	9	6	5	4	8
5	9	8	3	4	1	7	2	6

#149

1	8	2	6	5	3	9	7	4
4	3	9	7	2	8	1	5	6
7	6	5	9	1	4	3	8	2
8	2	4	1	9	7	6	3	5
6	1	3	2	8	5	7	4	9
9	5	7	4	3	6	2	1	8
3	4	1	8	6	9	5	2	7
5	9	8	3	7	2	4	6	1
2	7	6	5	4	1	8	9	3

#150

3	4	2	6	8	1	9	7	5
1	8	5	3	7	9	6	2	4
6	9	7	2	5	4	3	8	1
7	2	4	8	9	5	1	6	3
8	5	3	4	1	6	7	9	2
9	1	6	7	2	3	4	5	8
5	6	1	9	3	8	2	4	7
4	7	8	1	6	2	5	3	9
2	3	9	5	4	7	8	1	6

#151

3	5	7	1	4	9	6	2	8
8	9	4	3	6	2	7	1	5
2	1	6	5	7	8	9	4	3
6	7	8	2	5	3	4	9	1
9	4	5	6	8	1	2	3	7
1	3	2	7	9	4	8	5	6
7	8	9	4	3	5	1	6	2
5	6	1	9	2	7	3	8	4
4	2	3	8	1	6	5	7	9

#152

1	3	7	2	4	8	9	5	6
4	8	9	7	6	5	2	3	1
2	5	6	1	3	9	7	8	4
7	1	5	3	8	6	4	9	2
8	2	4	5	9	1	3	6	7
9	6	3	4	2	7	5	1	8
6	4	2	9	1	3	8	7	5
3	7	1	8	5	4	6	2	9
5	9	8	6	7	2	1	4	3

#153

9	7	5	8	6	1	3	4	2
4	1	3	2	5	7	6	8	9
6	2	8	3	9	4	1	7	5
2	8	6	1	4	9	5	3	7
1	3	9	5	7	8	2	6	4
7	5	4	6	2	3	8	9	1
3	4	1	9	8	5	7	2	6
8	9	2	7	1	6	4	5	3
5	6	7	4	3	2	9	1	8

#154

9	1	8	7	3	4	2	6	5
7	5	4	2	8	6	3	9	1
3	2	6	9	5	1	8	4	7
8	9	1	3	2	7	6	5	4
2	6	7	8	4	5	1	3	9
5	4	3	1	6	9	7	2	8
4	3	2	5	7	8	9	1	6
6	8	9	4	1	2	5	7	3
1	7	5	6	9	3	4	8	2

#155

2	1	3	8	6	5	7	4	9
9	5	8	7	4	1	6	3	2
4	7	6	9	3	2	8	1	5
8	2	7	1	9	6	3	5	4
5	4	1	2	8	3	9	6	7
3	6	9	5	7	4	2	8	1
6	3	5	4	2	7	1	9	8
1	8	2	6	5	9	4	7	3
7	9	4	3	1	8	5	2	6

#156

5	2	8	3	1	9	6	7	4
6	4	3	2	8	7	5	1	9
9	7	1	4	6	5	3	8	2
4	3	9	7	5	6	8	2	1
8	6	5	1	9	2	4	3	7
2	1	7	8	4	3	9	5	6
1	9	4	5	2	8	7	6	3
3	5	2	6	7	4	1	9	8
7	8	6	9	3	1	2	4	5

#157

3	2	9	1	5	4	8	6	7
1	6	8	3	2	7	9	5	4
5	7	4	8	9	6	2	3	1
6	3	1	7	4	8	5	2	9
9	4	7	2	3	5	1	8	6
2	8	5	6	1	9	4	7	3
7	1	3	4	8	2	6	9	5
4	5	2	9	6	3	7	1	8
8	9	6	5	7	1	3	4	2

#158

1	2	8	5	7	3	9	6	4
6	3	7	1	9	4	5	8	2
4	5	9	6	8	2	1	3	7
8	6	2	7	4	1	3	9	5
7	4	3	8	5	9	2	1	6
9	1	5	3	2	6	7	4	8
3	7	6	4	1	5	8	2	9
2	8	1	9	6	7	4	5	3
5	9	4	2	3	8	6	7	1

#159

7	4	3	8	5	6	2	1	9
9	5	8	2	4	1	3	6	7
1	2	6	3	7	9	4	5	8
6	3	1	5	9	8	7	2	4
4	7	9	1	6	2	5	8	3
2	8	5	4	3	7	6	9	1
8	1	4	6	2	3	9	7	5
3	9	2	7	8	5	1	4	6
5	6	7	9	1	4	8	3	2

#160

9	4	5	2	7	6	1	3	8
6	3	8	4	5	1	2	9	7
1	2	7	8	3	9	5	4	6
7	5	1	9	4	2	6	8	3
2	6	9	1	8	3	4	7	5
4	8	3	5	6	7	9	1	2
5	1	6	3	9	8	7	2	4
3	7	2	6	1	4	8	5	9
8	9	4	7	2	5	3	6	1

#161

2	3	5	9	4	7	1	8	6
1	4	7	8	6	5	3	9	2
8	6	9	1	2	3	7	5	4
4	1	3	5	9	6	2	7	8
9	8	6	7	3	2	5	4	1
5	7	2	4	8	1	6	3	9
7	5	4	6	1	8	9	2	3
6	2	8	3	7	9	4	1	5
3	9	1	2	5	4	8	6	7

#162

6	2	3	9	7	8	4	1	5
9	4	8	2	1	5	6	3	7
5	1	7	4	6	3	8	2	9
2	9	1	8	4	7	3	5	6
4	7	6	3	5	9	2	8	1
3	8	5	1	2	6	7	9	4
1	5	4	7	8	2	9	6	3
7	3	2	6	9	1	5	4	8
8	6	9	5	3	4	1	7	2

#163

2	3	7	1	9	8	4	6	5
1	4	9	5	3	6	7	2	8
5	6	8	4	2	7	9	3	1
3	9	4	8	1	2	6	5	7
8	2	1	6	7	5	3	4	9
7	5	6	9	4	3	8	1	2
6	7	2	3	8	1	5	9	4
4	8	5	2	6	9	1	7	3
9	1	3	7	5	4	2	8	6

#164

9	7	1	6	4	3	2	8	5
8	4	2	9	5	1	6	3	7
5	3	6	7	8	2	9	4	1
4	5	3	1	9	8	7	6	2
2	1	7	4	6	5	8	9	3
6	9	8	3	2	7	5	1	4
7	6	9	5	3	4	1	2	8
3	2	5	8	1	6	4	7	9
1	8	4	2	7	9	3	5	6

#165

4	2	1	9	6	7	3	5	8
7	3	8	2	5	1	9	4	6
6	9	5	3	4	8	1	2	7
8	7	2	6	1	5	4	9	3
5	4	9	8	7	3	6	1	2
1	6	3	4	2	9	7	8	5
9	8	4	7	3	2	5	6	1
2	1	7	5	9	6	8	3	4
3	5	6	1	8	4	2	7	9

#166

6	7	9	1	4	8	3	2	5
1	8	3	2	6	5	4	7	9
4	2	5	9	7	3	8	1	6
2	6	1	3	5	9	7	8	4
8	9	7	4	2	1	5	6	3
3	5	4	7	8	6	2	9	1
9	4	2	5	1	7	6	3	8
5	3	6	8	9	2	1	4	7
7	1	8	6	3	4	9	5	2

#167

8	7	4	1	6	3	2	9	5
2	9	1	8	7	5	3	6	4
5	6	3	9	2	4	7	1	8
9	8	7	5	3	1	4	2	6
4	3	6	2	8	9	1	5	7
1	5	2	7	4	6	9	8	3
3	2	5	6	1	7	8	4	9
7	1	9	4	5	8	6	3	2
6	4	8	3	9	2	5	7	1

#168

5	8	1	6	9	7	2	4	3
6	4	9	2	1	3	8	7	5
7	2	3	4	8	5	6	1	9
1	6	2	7	4	9	3	5	8
3	7	8	1	5	6	4	9	2
9	5	4	8	3	2	1	6	7
4	9	5	3	2	1	7	8	6
2	1	7	5	6	8	9	3	4
8	3	6	9	7	4	5	2	1

#169

5	8	4	9	7	1	6	3	2
6	9	7	3	4	2	8	5	1
2	1	3	6	5	8	9	7	4
1	7	6	8	9	4	3	2	5
8	3	2	7	6	5	1	4	9
9	4	5	1	2	3	7	6	8
4	6	8	2	3	9	5	1	7
3	5	9	4	1	7	2	8	6
7	2	1	5	8	6	4	9	3

#170

1	3	9	8	4	7	5	2	6
7	2	6	3	9	5	1	8	4
8	4	5	6	1	2	7	9	3
2	7	3	1	6	4	8	5	9
6	9	8	2	5	3	4	7	1
4	5	1	7	8	9	6	3	2
3	8	7	4	2	1	9	6	5
9	1	2	5	7	6	3	4	8
5	6	4	9	3	8	2	1	7

#171

1	6	7	2	9	8	5	3	4
3	4	9	7	6	5	1	8	2
2	5	8	4	1	3	6	7	9
5	3	4	6	7	1	2	9	8
9	8	2	5	3	4	7	6	1
6	7	1	8	2	9	3	4	5
4	2	6	1	8	7	9	5	3
8	1	3	9	5	6	4	2	7
7	9	5	3	4	2	8	1	6

#172

3	1	9	7	8	2	5	4	6
5	8	7	4	6	3	1	2	9
2	6	4	9	5	1	8	3	7
6	4	8	5	9	7	3	1	2
1	5	2	3	4	6	9	7	8
7	9	3	1	2	8	6	5	4
4	7	1	8	3	9	2	6	5
8	2	5	6	1	4	7	9	3
9	3	6	2	7	5	4	8	1

#173

8	5	1	4	9	7	6	3	2
4	3	9	6	5	2	1	7	8
7	2	6	3	8	1	5	4	9
2	8	3	7	6	5	4	9	1
5	1	4	9	3	8	7	2	6
6	9	7	1	2	4	3	8	5
3	7	2	5	1	9	8	6	4
1	6	8	2	4	3	9	5	7
9	4	5	8	7	6	2	1	3

#174

1	6	9	8	2	3	5	4	7
7	3	8	5	4	9	6	1	2
5	2	4	7	6	1	9	8	3
6	1	5	3	7	2	4	9	8
8	7	2	1	9	4	3	5	6
9	4	3	6	5	8	2	7	1
2	5	7	9	1	6	8	3	4
3	9	6	4	8	7	1	2	5
4	8	1	2	3	5	7	6	9

#175

3	7	9	8	1	2	5	4	6
6	1	2	7	5	4	3	9	8
4	8	5	6	3	9	7	2	1
8	3	7	4	2	6	9	1	5
1	5	6	9	7	3	2	8	4
9	2	4	1	8	5	6	3	7
5	9	8	3	6	1	4	7	2
7	6	3	2	4	8	1	5	9
2	4	1	5	9	7	8	6	3

#176

4	7	5	2	9	1	3	8	6
6	2	1	3	8	5	9	4	7
3	8	9	6	4	7	5	1	2
7	3	6	8	5	2	1	9	4
5	9	4	1	3	6	7	2	8
8	1	2	4	7	9	6	3	5
2	5	3	9	6	4	8	7	1
1	6	8	7	2	3	4	5	9
9	4	7	5	1	8	2	6	3

#177

2	5	4	8	6	9	7	1	3
7	6	9	3	1	2	4	8	5
1	3	8	5	4	7	2	6	9
8	2	3	9	5	1	6	7	4
5	9	1	4	7	6	3	2	8
4	7	6	2	3	8	5	9	1
6	4	7	1	8	5	9	3	2
9	8	5	6	2	3	1	4	7
3	1	2	7	9	4	8	5	6

#178

7	4	6	3	2	8	9	1	5
2	5	9	7	4	1	8	6	3
8	3	1	9	6	5	4	2	7
4	1	2	8	7	9	3	5	6
3	9	7	4	5	6	1	8	2
5	6	8	1	3	2	7	9	4
6	8	4	2	9	7	5	3	1
1	2	3	5	8	4	6	7	9
9	7	5	6	1	3	2	4	8

#179

2	3	1	8	4	6	9	7	5
4	5	6	7	9	2	8	1	3
8	7	9	1	3	5	6	2	4
3	1	4	2	5	8	7	9	6
5	6	8	4	7	9	1	3	2
7	9	2	3	6	1	5	4	8
6	2	3	5	1	7	4	8	9
9	8	7	6	2	4	3	5	1
1	4	5	9	8	3	2	6	7

#180

5	8	6	2	9	4	3	1	7
2	9	1	3	7	6	5	8	4
7	4	3	1	8	5	2	6	9
1	3	2	4	5	8	9	7	6
4	5	7	9	6	2	1	3	8
8	6	9	7	1	3	4	2	5
6	7	4	5	2	1	8	9	3
9	1	5	8	3	7	6	4	2
3	2	8	6	4	9	7	5	1

#181

4	9	6	5	1	8	7	2	3
8	7	5	3	4	2	1	9	6
2	3	1	9	6	7	5	4	8
5	6	4	2	8	3	9	7	1
1	2	9	4	7	6	3	8	5
7	8	3	1	5	9	2	6	4
6	5	7	8	2	1	4	3	9
3	4	2	6	9	5	8	1	7
9	1	8	7	3	4	6	5	2

#182

7	3	5	1	8	2	9	4	6
6	2	4	5	9	3	8	7	1
9	1	8	4	6	7	3	2	5
1	8	7	6	4	9	2	5	3
2	9	6	7	3	5	4	1	8
4	5	3	8	2	1	6	9	7
3	4	1	9	5	8	7	6	2
5	6	2	3	7	4	1	8	9
8	7	9	2	1	6	5	3	4

#183

5	3	8	1	6	4	7	9	2
1	6	2	9	7	8	5	4	3
4	9	7	3	2	5	1	8	6
2	5	1	4	3	7	8	6	9
6	8	3	2	9	1	4	5	7
9	7	4	5	8	6	2	3	1
3	1	9	8	5	2	6	7	4
8	2	6	7	4	9	3	1	5
7	4	5	6	1	3	9	2	8

#184

3	4	7	1	2	8	6	9	5
1	6	8	5	9	4	7	3	2
2	9	5	3	7	6	8	1	4
8	5	6	7	1	3	4	2	9
4	2	1	6	5	9	3	7	8
9	7	3	8	4	2	5	6	1
7	3	9	2	8	5	1	4	6
5	1	4	9	6	7	2	8	3
6	8	2	4	3	1	9	5	7

#185

4	1	7	8	2	3	9	6	5
6	3	9	1	5	7	4	2	8
2	5	8	6	4	9	3	1	7
8	2	5	3	9	1	7	4	6
3	9	6	4	7	5	2	8	1
1	7	4	2	8	6	5	3	9
5	4	3	7	1	8	6	9	2
9	6	1	5	3	2	8	7	4
7	8	2	9	6	4	1	5	3

#186

5	8	2	3	9	4	7	1	6
7	3	4	8	1	6	2	5	9
1	6	9	2	5	7	3	4	8
3	2	1	4	6	8	5	9	7
9	7	6	1	2	5	8	3	4
4	5	8	9	7	3	6	2	1
8	1	7	5	4	2	9	6	3
2	9	3	6	8	1	4	7	5
6	4	5	7	3	9	1	8	2

#187

1	8	2	9	7	6	3	4	5
9	7	5	4	3	2	1	8	6
3	6	4	1	8	5	9	7	2
5	3	8	6	9	1	7	2	4
6	2	1	7	5	4	8	3	9
7	4	9	8	2	3	5	6	1
8	5	7	2	4	9	6	1	3
2	1	3	5	6	7	4	9	8
4	9	6	3	1	8	2	5	7

#188

4	5	8	2	3	9	7	6	1
1	3	7	6	8	5	4	2	9
6	9	2	1	4	7	3	5	8
5	7	9	8	6	3	2	1	4
8	4	1	9	7	2	5	3	6
2	6	3	4	5	1	9	8	7
3	8	6	7	2	4	1	9	5
9	2	4	5	1	8	6	7	3
7	1	5	3	9	6	8	4	2

#189

8	2	7	9	5	6	3	4	1
3	9	1	4	2	7	8	6	5
5	6	4	3	1	8	9	7	2
6	5	2	8	4	9	7	1	3
7	4	3	1	6	2	5	8	9
9	1	8	5	7	3	4	2	6
2	3	5	7	8	1	6	9	4
4	7	6	2	9	5	1	3	8
1	8	9	6	3	4	2	5	7

#190

6	8	7	3	5	1	2	4	9
4	1	3	2	6	9	7	8	5
2	9	5	4	7	8	1	3	6
1	6	9	8	3	4	5	7	2
7	4	2	6	9	5	3	1	8
5	3	8	1	2	7	9	6	4
9	2	4	7	1	6	8	5	3
3	7	6	5	8	2	4	9	1
8	5	1	9	4	3	6	2	7

#191

5	4	1	8	6	9	2	7	3
6	8	2	7	5	3	4	1	9
3	7	9	2	1	4	8	6	5
1	3	7	6	4	5	9	8	2
4	9	8	1	7	2	5	3	6
2	6	5	9	3	8	1	4	7
9	2	6	3	8	1	7	5	4
8	5	3	4	9	7	6	2	1
7	1	4	5	2	6	3	9	8

#192

3	8	7	9	6	2	1	5	4
4	2	5	1	3	7	9	6	8
9	6	1	4	5	8	7	3	2
6	7	4	2	9	3	8	1	5
8	1	9	7	4	5	3	2	6
2	5	3	8	1	6	4	9	7
5	3	8	6	7	1	2	4	9
7	4	6	3	2	9	5	8	1
1	9	2	5	8	4	6	7	3

#193

8	4	9	7	1	2	5	6	3
1	3	6	9	5	8	4	2	7
5	7	2	4	3	6	9	8	1
2	9	4	8	7	3	6	1	5
6	8	7	5	9	1	2	3	4
3	1	5	6	2	4	7	9	8
7	5	8	3	6	9	1	4	2
9	2	3	1	4	5	8	7	6
4	6	1	2	8	7	3	5	9

#194

6	4	5	3	2	9	8	1	7
9	8	2	1	7	4	5	3	6
3	1	7	6	8	5	2	9	4
7	6	8	2	4	1	3	5	9
4	9	3	8	5	7	1	6	2
2	5	1	9	3	6	4	7	8
5	7	9	4	1	8	6	2	3
1	3	4	7	6	2	9	8	5
8	2	6	5	9	3	7	4	1

#195

4	2	1	9	5	7	3	8	6
3	5	8	4	6	2	9	7	1
7	9	6	3	1	8	4	2	5
2	4	3	7	9	1	6	5	8
5	1	9	8	3	6	7	4	2
8	6	7	5	2	4	1	3	9
6	7	4	2	8	9	5	1	3
1	8	5	6	7	3	2	9	4
9	3	2	1	4	5	8	6	7

#196

8	3	9	6	2	5	7	1	4
6	5	4	7	1	8	3	9	2
7	1	2	4	3	9	8	6	5
3	7	1	2	4	6	9	5	8
5	4	8	9	7	1	6	2	3
2	9	6	5	8	3	1	4	7
4	2	3	1	9	7	5	8	6
1	6	7	8	5	4	2	3	9
9	8	5	3	6	2	4	7	1

#197

9	3	4	2	6	1	5	8	7
6	2	5	8	3	7	1	9	4
1	8	7	5	4	9	2	6	3
5	7	9	4	8	6	3	2	1
2	6	3	1	9	5	7	4	8
8	4	1	7	2	3	6	5	9
7	9	2	6	1	8	4	3	5
3	1	6	9	5	4	8	7	2
4	5	8	3	7	2	9	1	6

#198

5	1	4	6	7	3	9	8	2
7	6	2	1	8	9	3	5	4
9	8	3	4	2	5	7	1	6
6	2	8	3	4	7	5	9	1
1	3	5	8	9	6	2	4	7
4	9	7	2	5	1	8	6	3
2	5	6	7	1	8	4	3	9
8	4	1	9	3	2	6	7	5
3	7	9	5	6	4	1	2	8

#199

6	8	1	5	3	7	9	4	2
3	7	4	2	1	9	6	5	8
9	5	2	6	8	4	1	3	7
7	9	5	3	2	1	4	8	6
2	6	3	8	4	5	7	1	9
1	4	8	7	9	6	3	2	5
4	1	6	9	5	8	2	7	3
5	2	9	4	7	3	8	6	1
8	3	7	1	6	2	5	9	4

#200

8	1	6	2	9	3	4	7	5
9	2	4	5	8	7	1	3	6
3	7	5	4	6	1	8	9	2
7	9	3	1	4	5	2	6	8
1	5	8	9	2	6	3	4	7
4	6	2	7	3	8	5	1	9
6	3	9	8	1	2	7	5	4
2	4	7	3	5	9	6	8	1
5	8	1	6	7	4	9	2	3

Made in United States
North Haven, CT
27 April 2022

18620505R00057